U0460959

李清浅 著

# 单身力

能一个人精彩
也能与全世界相爱

中国水利水电出版社
www.waterpub.com.cn
·北京·

# 内 容 提 要

这是一本帮助女性读者摆脱过分依赖、重塑完美自我的励志书。本书以新兴热词"单身力"为主题，以经济、思想、情感等多方面为切入点，重点归纳帮助女性摆脱过度依赖、提高内心独立性的具体方法，力求使广大女性练就一种从容淡定的能力、一种能对糟糕人生重新洗牌的能力，最终获得高效的自我成长。

## 图书在版编目（CIP）数据

单身力：能一个人精彩，也能与全世界相爱 / 李清浅著 . -- 北京：中国水利水电出版社，2020.9
ISBN 978-7-5170-8785-4

Ⅰ.①单… Ⅱ.①李… Ⅲ.①女性－成功心理－通俗读物 Ⅳ.① B848.4-49

中国版本图书馆 CIP 数据核字 (2020) 第 155115 号

| 书　　　名 | 单身力：能一个人精彩，也能与全世界相爱<br>DANSHEN LI: NENG YI GE REN JINGCAI,<br>YENENG YU QUANSHIJIE XIANG' AI |
|---|---|
| 作　　　者 | 李清浅 著 |
| 出 版 发 行 | 中国水利水电出版社<br>（北京市海淀区玉渊潭南路1号D座　100038）<br>网址：www.waterpub.com.cn<br>E-mail：sales@waterpub.com.cn<br>电话：（010）68367658（营销中心） |
| 经　　　售 | 北京科水图书销售中心（零售）<br>电话：（010）88383994、63202643、68545874<br>全国各地新华书店和相关出版物销售网点 |
| 排　　　版 | 北京水利万物传媒有限公司 |
| 印　　　刷 | 天津旭非印刷有限公司 |
| 规　　　格 | 146mm×210mm　32开本　8.75印张　187千字 |
| 版　　　次 | 2020年9月第1版　2020年9月第1次印刷 |
| 定　　　价 | 49.00元 |

# 目 录
## C o n t e n t s

## 第一章　活得清醒的女人，又美又酷
CHAPTER ONE

# 第四章 单身力，让你散发别具一格的魅力
CHAPTER FOUR

# 第五章 好姑娘，能一个人精彩，也能与全世界相爱
CHAPTER FIVE

第一章

○

活得清醒的女人，又美又酷

# 结婚还是单身？哪个舒服选哪个

## 01

带娃儿在楼下遛弯儿，有两位阿姨一边看孩子一边扯闲篇。

一个阿姨说，朋友家女儿楠楠在北京工作，月收入好几万，但是 30 多岁了，还没有结婚。阿姨们讲八卦，可不是这么平平淡淡的，而是绘声绘色、眉飞色舞的。

"上次我和老姐妹去她家玩儿，赶上楠楠在家，那姐妹随口问：'你一个人回来的啊？你老公呢？'我就赶紧给她使眼色，说：'人家楠楠还没结婚呢。'

"老姐妹特别没眼力见儿，还在那儿说：'不是都 30 多岁了吗？怎么还没结婚呀，没结婚，那男朋友总该有了吧？'楠楠不自在地说：'还没有呢。'

"她还不自觉，继续唠叨：'不是一个月挣好几万吗，怎

么连个男朋友都没有？'

"我都服了她了，忙岔开话题：'大城市里的年轻人，都把事业放在第一位，结婚晚，交男朋友也晚。咱们别这么八卦，人家年轻人不爱听这些。'

"事实上，老姐妹一说'结婚''男朋友'啥的，人家娃儿的脸色都变了，显然不爱听这些。"

我心想这个阿姨还算开明，如果大家都像她这样自觉，不随便八卦别人的婚恋问题，大龄未婚青年的压力应该会小很多。

孰料这位阿姨突然话锋一转："说到底，还不是楠楠太挑了？挑来挑去，把自己挑剩下了，年薪几十万又怎么样，30 多了还没嫁出去，她妈都快急死了。"

成吧，看来是我想多了。

这时，在场的另一个阿姨则说："我小姑子的女儿都 34 岁了也没嫁出去呢！我给介绍了几个，人家统统看不上。其中还有一位是海归，月薪好几万呢，也不知道她到底哪里不满意。凭良心说，我可都是挑着条件好的、合适的给她介绍，不知道她到底怎么想的。这不马上就 35 了，女人过了 35，只能找二婚的了。"

我琢磨，这两位阿姨肯定没看过简·奥斯汀的小说《爱玛》，小说中有这么一句话："人穷，过独身生活才被大家看不起……可是有钱的单身女人总是受到尊敬的，可以同任何人一样通情达理，受人欢迎！"

人家姑娘年薪几十万，结婚不结婚，真的不重要啊。想结就结，不想结就单着，毕竟，一个经济独立、人格独立的女性，完全不用仰仗谁而活。

# 02

一个人到底要不要结婚，30岁结婚还是40岁结婚，应当是一件可以自由选择的事情，做父母的应当尊重、支持，根本没必要非得把儿女赶进婚姻的围城。

如果真心喜欢一个人生活，高兴一个人独处，那肯定是怎么舒服怎么来啊。

更不要提，当今大环境下，很多人，尤其是女性婚后的生活质量明显下降，甚至不如婚前一个人活得逍遥自在。如果两个人在一起不是锦上添花，而是陷入泥淖，那勉强一起生活的意义是什么呢？作为一个年轻的妈妈，我是真不知道为什么上一代的很多人，在儿女的婚姻问题上要那么焦虑。

日剧《坡道上的家》，讲述了发生在几个女性身上的故事。

安藤水穗原本的收入比老公高，老公觉得她婚后应当做全职主妇，于是她辞职了。他们的宝宝是个高需求宝宝，爱哭、黏人，老公平时不怎么管孩子，晚上甚至不回家，所以大多数时候都是她一个人在照顾孩子。她患上了抑郁症，孤立无援，最后失手将宝宝溺死在了浴缸里……

在法院工作的女法官，她原本不想生小孩儿，老公却建议她生一个，还说会帮忙照顾孩子。生了小孩儿后，老公却并没有按照之前承诺的那样照看孩子和分担家务，老公的工作没受到什么影响，她却不得不经常耽误工作……

家庭主妇里沙子的女儿处于叛逆期，吵闹、故意挑战大人的底线，十分让人头疼。作为一个全职妈妈，她教育女儿的方式不但没有得到老公的支持，还被质疑她有虐待孩子的倾向……

## 03

我们小区有个年轻妈妈，平时都是一个人带两岁的宝宝，家务活儿也全是自己做，每天早上五点还要起来给老公做早饭。

有一次她跟我诉苦，我问道："你老公难道不能帮你拖拖地、洗洗碗，做一些简单的家务吗？"她表示指望不上。我又说："那以后让他去外边吃早餐吧，这样你还能轻松些。"可她说："我老公很懒，家里有东西就吃点儿，没有就直接上班去了，绝对不会把车停在路边吃早餐的。"

遇到这样的老公，如果妻子全心全意付出还能毫无怨言，那么日子尚能过下去，可若稍微有一丝怨气，那日子就很可能过得鸡飞狗跳、越来越累了。

婚姻有没有意义？当然有，不过前提是你的婚姻要幸福。而不幸的婚姻，除了消耗双方之外，我真的看不到它存在的意义。

遗憾的是，结婚之前，我们永远不会知道自己将会面临一个什么样的婚姻。婚姻是有风险的，不止看选择，还要凭运气。有的人，把爱人变成仇敌；有的人，把爱人变成亲人；还有的人比较幸运，做了一辈子情人。如果是第一种情况，那为什么要结婚呢？明明，一个人过得更好啊。

婚姻是一座围城，别随随便便就冲进去。希望每个女性都是因为自己想结婚而结婚，而不是因为年龄大了、亲友催促等任何外界因素的压力而结婚。希望你婚后的生活，一家两口也好，三口也罢，都能相亲相爱，舒服地相处。

# 自己的人生，用不着外人指手画脚

## 01

一个朋友和父母一起去某个古镇旅行，心情舒畅的她拣了
几张和父母一起拍的笑得灿烂的照片，顺手发了个朋友圈，同
时还配了一句煽情的话：倏忽之间，父母就老了。看着他们开
心的笑容，我暗暗决定以后要多带他们出来看看。

谁知就是这样一条原本看起来很温馨的动态，下面却出现
了不和谐的评论声：怎么只带自己父母出去玩儿，却不带公公
婆婆？把公婆丢在家里，自己带着父母四处吃喝玩乐，难怪人
家说"儿媳外生"。

朋友看了，瞬间觉得肺都要气炸了，她怒而屏蔽了那个乱
评论的朋友，免得以后她再在自己的动态底下叽叽歪歪。

在我们的生活中，总有那么一类人，无论你做什么，他都

会跳出来挑你的毛病。

我偶尔写有关儿子的段子，也会有人评论：怎么不见你写孩子的爸爸？你家是丧偶式育儿吗？

其实，在有关儿子的段子里，我老公经常出现；另外，有关儿子的段子，本来就是记录我和儿子之间的互动，至于孩子爸爸和孩子一起做实验或者一起出去玩儿的细节，孩子爸爸自己会记录，不出现在我的段子里不是很正常吗？

还有一次，我写儿子和小锦之间的事情，说小锦是儿子的姐姐，竟然有好几个读者评论：哟，原来你还有女儿啊，怎么总见你写儿子，从来不写女儿？

这种带着质问语气的留言很让我摸不着头脑：这是在暗指我重男轻女吗？拜托，小锦是我妹妹家的孩子啊，她是我儿子的表姐，一年才来我家一两次，我当然写得少啊。

我实在想不明白，为什么有些人明明是自己不明真相，却总觉得自己离真理最近，总觉得自己有资格去审判别人？

## 02

一个同事曾经的遭遇也挺让人哭笑不得的。

有一次同事外公住院了，她去医院看望外公，临近中午，决定和妈妈一块儿出去吃个饭。

　　她那段时间特别忙，好久没和妈妈一块儿吃饭了，加之外公生病妈妈一直在辛苦照料，便趁机找了个稍微高档点儿的馆子请妈妈好好吃了一顿，还特意要了两份儿热菜给外公打包回去。

　　她说，怪就怪自己手欠，拍了几张和妈妈吃饭的照片发了个朋友圈。

　　一会儿，她竟接到大舅的电话："你外公生着病，你竟然还有心情吃吃喝喝？把外公独自丢在病房里，你到底有没有良心？知不知道什么叫'孝心'？"

　　外公生病期间，一直是妈妈跑前跑后地照顾着，妈妈是最辛苦的那个人，她带妈妈去吃个饭就是不孝顺外公了？这是什么逻辑？

　　妈妈为了息事宁人，劝她："你外公生着病呢，咱们还下馆子是不太合适，快删了那条朋友圈吧。"她赌气道："外公生病，咱们是不是都得哭丧着脸，茶不思、饭不想？大舅那么孝顺，外公生病了怎么还有心情刷朋友圈？我偏不删，带妈妈吃个饭，他还要审问我一通，脑子怕不是有什么问题吧？"

　　同事的遭遇在日常生活中并不鲜见，尤其是大家庭中，总有人喜欢站在道德至高点上对别人进行评判。

　　一个读者曾经在后台留言，说她奶奶岁数大了，轮流跟着父亲他们哥儿仨生活。因为她家条件相对差一些，大伯就总说她爸不孝顺，不肯给老人吃好的。其实，每次奶奶来家里住，自己家的伙食都比平时好得多，妈妈做饭时也都尽量顺着奶奶的心思和口味，可大伯不但不理解，还给爸爸扣了顶"不孝"的帽子，爸爸一个大男人，好几次都委屈得偷偷落泪。

其实，孝与不孝，从来不是用经济条件评判的。子曰："色难。"真正的孝顺，是尽心尽力，无愧于心。

## 03

不知道大家有没有听过这样一个笑话。

一天，狼被狮子大王批评了一顿，心情很不爽，看见迎面一路蹦蹦跳跳过来的小兔子，怒火中烧，上去就打了它一巴掌："我让你不戴帽子！"

小兔子一时间被打蒙了，从来不戴帽子的它认真反思了一下，然后去买了一顶帽子。

第二天，戴着帽子的小兔子又遇见狼，狼迎面又给了它一个大嘴巴："我让你带帽子！"

明白了吧？一个人想找你的碴儿，总是能找到理由的，你戴没戴帽子根本不是重点，重点是你怎么做都是错的。

那些站在道德制高点的人，他们从来不在乎我们做了什么事，而是伸着手随时打算给我们一巴掌，以证明我们不如他们做得好。

做人呢，永远不要站在自己的立场上轻易地去评判别人，管好自己就很不错了。至于那些喜欢对我们的人生指手画脚的人，我们也无须急着辩解，自认问心无愧就好。

有人说过，这个世界上只有两种事，一种是"关你什么事"，一种是"关我什么事"。人生还有那么多事儿要忙，对于一些无关紧要、爱管闲事的闲人，咱们就不奉陪了。

# 趁身体还算健康，立一份遗嘱

## 01

　　某地的一位老师在某网站论坛上发布了一则网文，这位老师在文中讲述了自己父亲的不幸经历：父亲在一次摔倒后做了脊椎手术，术后肺部感染严重，不久又做了气管切割手术。经过数十天的治疗后终于出了ICU。

　　本以为一切开始好转了，可是转回本地医院后，因为伤口化脓，这位老师的父亲立刻又被送进了ICU。然后很快又被医生通知，建议转到更高级别的医院进行治疗。他们只得转院去了一线城市。

　　遗憾的是，这位老师的父亲到了一线城市后，伤口不但没见好转，甚至还出现了颅内感染、脑脊液漏、切口感染等问题。医生表示，能活多久全看"造化"，"一百万花下去也不一定有用"。

"父亲多次用尽全身力气跟我说，不治了，要回家。我知道，他是觉得治疗费用太高，而且后续情况未知，他不想拖累家人。"这位网友感叹，做了那么多年老师，一向都能找出正确答案，可这一次却不知道正确答案到底是哪个："是尽早放弃，减少治疗带来的痛苦？还是借钱、卖房，继续治下去，哪怕人财两空？"

这的确是一个两难的抉择。

我们都是有父母的人，面对父母，我们也都有需要做决定的那一天，可是我相信，很多人应该都没想好真到了那一刻应该如何取舍。

## 02

说到自己的身后事，我们可能会笑谈：等将来我"不行"了，我可不想去医院"扔"钱，与其让没有质量的生命苟延残喘，不如早点儿让我痛痛快快地离开。可是，如果把主角换成我们深爱的父母，如果父母"活着"还是"死亡"需要由我们选择，我们恐怕就没那么看得开了。

有时候我们明明知道他们正在忍受极大的痛苦，却依然不肯放手。除了不舍得割断那血浓于水的亲情，还牵扯到一个面子问题：放弃给父母治疗是不是不孝？会不会被亲友耻笑？

鲁迅先生曾在《父亲的病》一文中描写了父亲去世前的情景："父亲的喘气颇长久，连我也听得很吃力，然而谁也不能帮助他。我有时竟至于电光一闪似的想道：'还是快一点喘完了罢……。'立刻觉得这思想就不该，就是犯了罪；但同时又觉得这思想实在是正当的，我很爱我的父亲。便是现在，也还是这样想。"

当父母大限已至之时，我们做子女的看到他们那么痛苦，有时难免会产生"与其受罪，还不如去了"的想法，可是，一旦产生这样的想法，又会像鲁迅先生一样自责这是"大不孝"，恨不得捆自己嘴巴，但在内心深处，其实我们比谁都明白，我们爱他们，我们只是希望他们不要那么痛苦而已。

还是在《父亲的病》中，鲁迅先生写中西医面对绝症病人的不同："中西的思想确乎有一点不同。听说中国的孝子们，一到将要'罪孽深重祸延父母'的时候，就买几斤人参，煎汤灌下去，希望父母多喘几天气，即使半天也好。我的一位教医学的先生却教给我医生的职务道：可医的应该给他医治，不可医的应该给他死得没有痛苦。——这先生自然是西医。"

如鲁迅这样的思想巨匠，在面对父亲生死的那一刻仍痛苦彷徨，更何况作为普通人的我们呢？那么有没有一种方法，可以让子女或家人当有一天不得不面临这种抉择时，做选择的压力小一些呢？我想，立遗嘱是一个不错的方法。

## 03

中国人对死亡向来讳莫如深。如果亲人，尤其是年长的或身体不太好的亲人和我们谈论自己的身后事，我们往往会很强硬地打断他们："哎呀，快别胡思乱想了，您身体还好得很呢，至少能活到一百岁。"

在我印象中，我爷爷身体不好的时候，一说到自己的"将来"，就被爸爸和叔叔等人打断，大家觉得这样就能让爷爷不要多想，安心养病。

曾看过一个 TED 演讲，演讲者讲道：在我们健康的时候就谈论死亡，人生会变得容易得多。因为对于我们大多数人来说，当我们太感性的时候、病入膏肓的时候，或者太筋疲力尽的时候再谈论，就太晚了——现在不正是我们掌控自己人生结局的时候吗？

人终归是要离开这个世界的，我们有必要在身体尚且健康的时候，好好思考一下自己的身后事：到哪一步就不继续治疗了？器官要不要捐献？希望埋骨于哪里？想要一个什么样的葬礼？等等。不要害怕想到死亡，更不要抵触谈论死亡，适当的讨论死亡可以在最后的紧要关头减少你所爱的人的心理压力。

我们每个人都很有必要，把生死的选择权握在自己手里。

## 理性购物，是舒适生活的源头

### 01

"618"购物狂欢节过后，一个朋友给我发来了她的购物清单，我真是吓到了：一大箱卫生巾、4桶洗衣液、4提卫生纸、好几桶奶粉……

我奇怪她为什么要一下子买那么多卫生纸，她的理由很简单——便宜。

"可是，一下子囤那么多，不觉得占地方吗？"我反问道。她发了个"捂脸"的表情，随后反问我都买了些啥，我的回答是："基本上可以理解为没买。"

"面对网上铺天盖地的促销活动，你是怎么做到如此清心寡欲的？"

"因为我最近正在施行'断舍离'，一些暂时用不着的东西再便宜也不买。"

其实我早就发现了，趁着这种所谓的"大促"买买买，占不了多少便宜。

很多时候，我们的"便宜"是建立在"多买"的基础上的。比如，我曾在儿子小的时候囤过不少尿不湿，平时两块钱一片的尿不湿，活动价一块八毛多一片，买上一大包才便宜了 20 块钱，然而，卖家并不单包卖，必须买五包以上才能占上这点儿便宜。

老话说得好："买的没有卖的精！"想占便宜就得多买，然而，多买的后果又常常是买多了！

记得有一次在讨论"囤货"问题的时候，至少有两个好友告诉我，自己家里的尿不湿就是在某次购物节的时候囤多了。一个朋友是因为宝宝脱离尿不湿的速度比想象中快，另一个朋友是宝宝身体长得太快，囤下的尿不湿的号码很快就不够大了……遗憾的是，那时退货已经不可能了，只能送人或白白扔掉……

此外，虽然很多东西保质期貌似很长，但实际上我们经常会高估了自己的"消耗力"。

我曾有过一次惨痛的教训。记得那次我一口气买了八箱牛奶，当时想着，保质期很久，无论如何都能喝完。然而，当我惊讶地发现它们已经过期的时候，还有四箱没拆封。原以为自己占了很大的便宜，谁知却因为过了保质期而导致了更大的浪费。

相信有着和我相同遭遇的人并不在少数。随便翻翻你囤的面膜、乳液等护肤品，是不是就有过期的？看看你的医药箱，有没有过期的药品？翻翻你的衣柜，有多少衣服是穿过一两次就再也不想穿的？再翻翻你曾经买的各种零零碎碎的首饰，有多少早就不稀罕了？

## 02

我一向不长于整理和收纳，有空闲时间我宁可看会儿书或者散散步，而不是做家务。有一次看到家里东西实在太多，我终于决定好好断舍离一次。

一收拾家里的东西，我真被吓到了：有一层橱柜竟然放的全是饭盒，很多是几年前买方便面的赠品，大多已经两三年没用过了；橱柜的底层也藏了很多东西，几十米的网线、原先换下的旧锁、两个放了很多年的电话座机；衣柜里也够热闹，有老公上高中时穿的一件旧西服、我好几年不穿的裙子、T恤……

思来想去，我决定把这些存了很多年，前五六年没用、后五六年很有可能也不会再用的东西扔掉。尽管它们看上去还好好的，尽管它们像是还大有用武之地，可是考虑到它们已经闲置了好多年，真的只能把它们当作垃圾来看待了。

痛定思痛，为了让家里不再被"垃圾"占满，我开始严格遵守一个原则，那就是少买。没什么用或者暂时用不到的东西，再便宜也不买。宁可需要的时候按正常价位买，也不在不需要的时候买一大堆东西来挤占本就有限的空间。

为了贪图那微不足道的小便宜而给生活增添无尽的杂乱感，真的不值得。

## 03

说到"断舍离"，我最佩服的人就是发小小懒虫，她家收拾起来特别轻松，因为没什么用的东西她总会及时清理掉，而不是放着落灰。

她经常穿的鞋子一共有三双，其中一双是跑鞋，跑步的时候穿，另外两双日常穿。她每买一双新鞋，必扔一双旧鞋。此外，如果一件衣服一年内没穿过，她也会装进收纳袋或放进捐衣箱。

她说妈妈有句话一直印在她脑子里："喜欢的衣服买了就赶紧穿，不喜欢的衣服多便宜也不要买，占地方。"

她妈妈还举过一个例子——有"囤物癖"的姥姥，姥姥有很多东西都舍不得扔，去世时留下了一大堆布料和各种各样的杂物，结果，她妈妈兄妹几个看着堆在屋里的小山一样的东西，全给当破烂儿清理掉了……

如果提前知道我们囤积的最终结果是被当破烂儿清理掉，是不是就没有那么大的囤东西的劲头儿了？

再换个角度想一想，现在房价这么贵，我们却用一堆不值钱的东西来挤占有限的空间，傻不傻？

说实话，很多时候感觉家里不好收拾，就是因为没用的东西太多了。很多东西扔了可惜，放着又一时半会儿用不着，真让人为难。所以，与其每天收拾房间时发愁怎么放置和收纳，还不如最初就干脆少买。

"断舍离"是一生的功课，而解决问题的根本，不是学会收纳与扔东西，而是在开始的时候就理性购物。

从源头上节制，是杜绝浪费、节省空间的最优方法。此外，还有一个妙不可言的优点，那就是，省钱！

# 脸皮厚一点儿，越活越舒坦

## 01

小朋友对家长不经意间提到的某件事，常常会念念不忘。

某天我看到朋友圈有人晒哈根达斯的冰激凌火锅，就随口和老公说，我也想去吃。老公不爱逛街，但是很爱吃，只要我请客，他断然是不会拒绝的，果然，他顺嘴说了句，行啊，那改天去。

在国人语境中，"改天"的含义很模糊，有可能是"永不"，也有可能是"第二天"，反正我们俩是随口说说过后就忘了。然而，有个小朋友却把这一幕默默记在了心里，动不动就提醒我："妈妈，我要去吃哈根达斯。"

说实话，我压根儿没吃过哈根达斯。因为印象中它一直挺贵的："不就是个冰激凌嘛，那么小一个球儿就要花三四十块钱，与其去吃它，我宁可把这钱拿来买本书。"

可儿子从来不管东西贵不贵，一直在我耳边念叨着要吃哈根达斯。

后来，我玩手机时偶然发现一个 APP 上的哈根达斯在搞活动，于是决定趁着搞活动，满足一下儿子的哈根达斯梦。

到了地方，儿子挑了个他最爱吃的蓝莓口味儿的，可能是期盼了太久，他连连说好吃。然而，也就吃了几口，那个冰激凌就掉到地上了。我有点儿蒙，脑子里浮出四个大字：乐极生悲。怎么办？再买一个？实在太贵了，多浪费钱呀！不买？儿子肯定会哭的。

说时迟，那时快，只见儿子猛地一个弯腰，迅速捡起那个冰激凌："妈妈，你看，还能吃。"

这是我唯一没想到的结果。

我打量了那个冰激凌一眼，它不是在地上打了个滚儿，而是连碗扣到了地上，考虑到它只有一个面接触了地面，我对儿子说："咱们把上边的刮掉，只吃下边的。"儿子表示万分同意。

就这样，在人来人往的商场里，一位老母亲大大方方地给孩子刮掉了冰激凌的触地面，小伙子则开心地吃完了剩下的多半个冰激凌。母子二人都很满意——一个如愿吃到了冰激凌，另一个则省了再买一份的钱。

我想，这事儿如果发生在多年前，我必不会像现在这样大大方方地捡起掉在地上的食物清理干净继续吃，即使我内心深处是那么的想捡起来，可我无法说服自己不去在意身旁那来来往往的人群。

# 02

有一次和妹妹聊天，她说她上大学时，一个同学去肯德基店打工。那时同学们都觉得肯德基店是个特别洋气的地方，因为大家都没怎么去过。为了体验一把，她们整个宿舍的人便以"找同学"为借口去了一次肯德基店，每个人都硬着头皮点了杯可乐——这对当时生活费并不宽裕的她们来说，着实是一笔多余的开支。

我问她："在那里，即使不消费也没关系，你们不知道吗？"她说："知道啊，可是我们不好意思不点吃的，怕被人瞧不起。"然后她继续说道："姐，我一直很羡慕你，总是那么自信，那么大方。"我笑了笑："才不是呢，我只是现在脸皮变厚了而已，以前的我简直和你一模一样。"

我以前也觉得肯德基店是个非常高档的地方，进去总是战战兢兢的，怕闹出什么笑话。可后来我才知道，在那里花十几块钱买个汉堡就能吃饱，可乐也和外边买的差不了多少，里边的消费水平并没有我想象的那么高，它只是个很平价的餐厅，仅此而已。

脸皮薄、怕出丑、不好意思，这是长久以来存在于大众群体中的通病。

记得多年前我曾在美团上团购过一个一折券，因为是在产品上新时抢到的，所以抢到的时候很是沾沾自喜，可到了真要消费的时候却又生怕别人知道我用的是一折券，生怕商家或其他顾客戴着有色眼镜看我。如今，一晃许多年过去了，现在的我对类似的事早已不放在心上了，回想当初那个自卑怯懦的自己，到底是在畏惧什么呢?

## 03

有个朋友说，有一次她去体检，医生给她推荐了附近药店的一个保健品，等她进了药店挑好东西准备付钱时，才发现那个保健品 400 多块钱一盒。她当时都惊呆了，根本没想到普普通通的一盒保健品竟然会那么贵，可就这样突然说不买了吧，又觉得很丢脸，毕竟柜台的收款员都在等着她掏钱了，犹豫了一下，她还是咬咬牙把那盒保健品买回了家。

回到家等她上网一查，果然发现网上有不少很便宜的同款保健品，而且看买家评价，贵的和便宜的效果都差不多。

"你这真是死要面子活受罪啊，400 块钱是大风刮来的吗，这么霍霍？"我看着她痛心疾首地说道。"哎呀，我哪儿知道会这么贵呀，我当时都准备付钱了，收款员就眼巴巴地盯着我看，我真是张不开嘴嫌贵。"朋友坐在我对面，一脸丧气。

说实话，活了40多年了，竟然还在做这种打肿脸充胖子的事儿，实在不知道该让人怎么说她。先不论临时放弃购买会不会被收款员看不起，就算被鄙视了，那又怎么样？他知道你是谁？更不要说，这原本就算一笔智商税啊！明知道贵的和便宜的效果差不多，还硬要掏这个钱，回家再悔青肠子，何苦呢？

要我说啊，人活着，就不能太过在意别人的眼光，明白什么对自己更重要才叫活得通透。

真的，别和自己过不去，脸皮适当厚点儿，舒坦。

# 遇到倒霉事，一定要冷静

## 01

　　闺密来我家玩儿，闲聊间告诉我，她上午出门逛街时，手机被偷了。

　　虽然手机不值多少钱，丢了却很不方便，于是我就想安慰安慰她。但我发现，闺密完全不需要安慰，她跟我有说有笑，状态跟平时没两样。

　　我对她的状态挺困惑的，忍不住问："亲爱的，你手机不是刚丢吗？心情竟然没受到影响？"她说："肯定会有点儿小沮丧啊，可我总不能一直骂小偷甚至一整天都垂头丧气吧？事情已经发生了，再怎么抱怨都没用的，就当花钱买个教训，以后注意就行了。要是一直让它影响我的情绪，那这件小坏事就变成了大坏事。"

我一直知道闺密为人豁达，可没想到她已经豁达到了这种境界。

接着，闺密给我讲了她从前一次糟糕的经历。

某次她因为工作失误，被领导严厉批评了一顿，回家的路上她超级沮丧，一路上都在琢磨这件事，她越想越觉得委屈，结果到家发现，自己的钱包竟然丢了。她仔细回忆回家路上的情形，试图找到丢钱包的原因，猛地记起上公交车时似乎有个人故意撞了她一下，因为当时心情很差，她不想多费口舌，就只是白了那个人一眼，然后匆匆上车了，竟完全没有意识到自己的钱包在碰撞之中早已落入小偷之手。原本只是被领导批评，这下又丢了钱包，真可谓雪上加霜。

这件事给了她一个启示：遇到倒霉事，一定要冷静，以避免更糟糕的事情发生。

仔细想想，闺密那句"要是一直让它影响我的情绪，那这件小坏事就变成了大坏事"说得真好。人生路那么长，我们总会遇到这样那样的糟糕事，比如，东西丢了、工作出现失误、开车发生了剐蹭……这样的遭遇虽然谁都不愿意发生，可我们也应该明白，坏事原本就是生命的一部分，既然无法避免，那最好的办法就是坦然接受。

# 02

说到不受坏事的影响，我想起发生在我表姐身上的一件事儿。

有一阵儿家里的抽油烟机需要清洗，她就从单元楼门口处贴的小广告上找了个相关服务机构的电话，打过去约对方上门帮忙清洗一下。

洗好后，师傅给重新装上，收了清洗费就走了。结果晚上做饭时，表姐才发现抽油烟机出了问题——原先它的噪声非常小，现在却"轰隆轰隆"地跟台拖拉机似的响，能吵死人。

表姐马上打清洗师傅的电话，想问问他这是怎么回事，可电话却一直没人接了。换个电话打，师傅一听是表姐的声音，立马挂断，表姐这时才反应过来，自己被坑了。

因为抽油烟机早已过了保修期，维修的话需要支付昂贵的维修费，表姐气得着急上火，智齿严重发炎，不得不跟公司请了三天假，同时去医院打了三天消炎针。

任谁遇到这种事，都挺郁闷的，但是，因为这事儿把自己气病好几天，甚至耽误工作，就有些得不偿失了。

如果你身上不幸发生了糟心事，我劝你豁达点儿，不是我站着说话不腰疼，而是这是唯一能把损失降到最低的方法。

有句话说得好："屋漏更遭连夜雨，船迟又遇打头风。"

同样，当你已经很倒霉的时候，如果不以积极的心态面对，那么接下来极有可能发生更糟糕的事情。由一件坏事招致另一件甚至好几件坏事，这就是坏事引发的连锁反应。

所以，越是遇到不好的事情，越要及时从其造成的不良影响中抽离出来，打起精神，小心应对，以免事情往更糟糕的方向发展。

# 03

说到不和坏事儿纠缠，这让我想到了《我不是潘金莲》里的李雪莲。

多年前，李雪莲和秦玉河因一些事情办了假离婚，可令李雪莲没想到的是，秦玉河心里还有另外的小算盘——他只是借假离婚诓自己，他真正的目的是娶别的女人。

对于不想离婚的李雪莲来说，这无异于晴天霹雳，李雪莲甚至想过让自己的弟弟去把秦玉河给杀了，当然这是一个很冲动的决定，她的弟弟也没有同意。可是李雪莲难消心头怒气，于是决定告秦玉河。可法院给出的结论是，他们二人的离婚证是合法的，秦玉河没有罪。李雪莲悲愤之下决定上访。这一上访，就是二十年，李雪莲从一个娇俏的少妇，变成了一个满面沧桑的老妇人。

有人赞李雪莲执着，可我却觉得李雪莲这种做法是执拗，是偏执，是不肯放过自己。

对李雪莲来说，被秦玉河欺骗固然可气，但是秦玉河既然能做出这种事，就说明他早已变心了，既然对方无意再把日子过下去，那又何必强求呢？强扭的瓜不甜，因为一个不爱自己的人、一件倒霉事，就这样搭上自己的一辈子，真的值得吗？

离婚未必就一定是坏事，下一次婚姻也许更好。可当李雪莲为此而搭上一生时，"离婚"就真的变成了一件彻头彻尾的坏事。

踩了狗屎当然很倒霉，可聪明的做法应该是赶紧跳开，争取下次别再踩上，而不是站在狗屎堆里骂狗。

人生不如意事十之八九，一旦遇到了，努力保持不受它的影响，你就赢了。记住，我们的情绪一直被影响，才是真正的坏事情。

# 工作的意义，不该只是为了赚钱

## 01

我认识的一个姑娘，前阵子换了份新工作，收入却比原先的工作少了将近一半，职位也降了。

坦白讲，起初我有点儿不理解：既然换工作，总得图一样，或钱多，或事儿少，或离家近，或稳定……但她这份新工作，哪样儿都挨不上。

"这份工作可以让我学习新东西。我做了好几年的纸媒，感觉这两年形势越来越不好，迟早要转型。我想着，既然迟早要做出改变，那不如及早抽身，趁年轻赶紧学学跟新媒体相关的东西。"这姑娘如是回答。

她这番话，让我想起曾看过的一句话：人生在世，不能只为了钱。

工作又何尝不是如此。完全不考虑钱是不可能的，但是，工作也不能只为了钱。

虽然"为了梦想而工作"听上去特像不想多给钱又想忽悠你拼命工作的无良老板说出来的话，但我们不得不承认，人如果不能从工作中获得任何乐趣或成就感，其实挺难熬的，毕竟，我们每天花在工作上的时间至少有八小时，如果完全不喜欢，那上班无异于遭受酷刑。

## 02

在读书会上认识了个朋友阿曼，她在一家博物馆上班，那家博物馆在西安乃至全国都有一定的名气，可是她的薪资待遇却和博物馆的名气有些不匹配。除此之外，还存在周末不能双休、上班非常忙等缺陷，可是她却在那里工作了近十年。

那天在群里聊到各自的工作，我说，以阿曼的能力，完全可以找到一份更好的工作，阿曼也承认自己对单位的薪资和休假状况不是很满意，但她说："我非常喜欢我现在这份工作，我总能从中找到我想要的意义。"

阿曼非常喜欢文物，每次看到那些古旧的物件，她心情总是异常平静。

在这个浮躁的社会，有一些东西能让你潜下心来研究，是件多么幸运的事情啊！而如果这个地方又恰恰是工作场合，比如你的办公室，更是幸运中的幸运。

阿曼所在的博物馆偶尔会组织"博物馆进校园"活动，有一次阿曼和同事们去了一个她之前听也没听过的小山村，给那些从没去过西安的孩子讲文物故事，她说孩子们纯真的眼睛让她的内心无比柔软，突然就觉得很多事情其实也不用计较太多。

我特别羡慕阿曼的状态，有喜欢的工作，可以倾注很多感情，而工作也回馈了她很多金钱以外的东西，甚至可以说滋养了她的心灵。

所以，遇到喜欢的工作和遇到喜欢的人一样难得，一定要珍惜，只有珍惜，才能走得更远。

日本"经营四圣"之一稻盛和夫曾说过："你要学会和工作谈恋爱。"这大概是人和工作之间最理想的状态了。

无法和工作相爱，就容易斤斤计较、心生委屈，甚至可能因为一些细小的事情炸毛，产生那种"受够这份工作"的想法。当你真的感觉受够了你的工作，那么，你离辞职也就不远了。

## 03

有个经典小故事就是探讨工作的乐趣的。

非洲部落有一位老人，悠闲地坐在一棵大树下编织草帽，他编的草帽不仅造型别致，还特别便宜，才 10 块钱一顶。有个去那儿旅游的商人觉得老人编织的草帽非常有特色，就想大量收购，于是他问老人 1000 顶草帽要多少钱，老人回答 20 元一顶，商人不解：批量订购，价格不降反升，哪有这样的道理？老人回答："因为一下子做这么多，就需要我夜以继日地工作，长时间的劳累会转化成很大的精神负担。"

长年累月机械地做同样的事情，的确会让人觉得缺乏乐趣。有些事情，偶尔做一做是享受，可如果每天重复地做，不但不是享受，还会变成负担，甚至让你唯恐避之不及。

## 04

我认识一个姑娘，辛苦准备了两年考上了公务员，入职后才发现自己不是很喜欢这份工作。她的兴趣在跳肚皮舞方面，因为跳得好，工作之余她便在健身房兼职做舞蹈教练。虽然晚上到家经常已经 10 点了，累得浑身酸痛，可她却非常享受纵情跳舞的感觉。她犹豫了很久，决定辞掉相对稳定的公务员工作，去做肚皮舞全职教练。家人都强烈反对，毕竟，她是好不容易才考上的公务员。叮最近她还是毅然辞职了，因为她觉得看着自己的学生从不会跳肚皮舞，到能灵活地控制自己的身体，是一件特别有成就感的事情。

所以，一份适合自己的工作能给你提供乐趣，能让你有成就感，甚至有可能实现你的人生价值。

"马斯洛需求"的第五个层次便是自我实现的需求。简而言之，就是实现个人的理想、抱负，把个人能力发挥到最大程度，达到自我实现境界。而这个层次的实现，有个最简单的方式，就是找一份你喜欢的、让你充满成就感的工作。

钱多、事少、离家近的工作，可能很少会有，但我们总得图一样。有趣、好玩、让人充满活力、成就感满满……这些也都是加分项，千万千万不要仅仅为了钱去工作。

# 别让你的眼界，仅仅局限于一部手机

## 01

好友发了个朋友圈动态，说要完成一项"关机36小时"的挑战。我觉得这个活动挺好，毕竟，现在手机已经成了我们不可分割的朋友（敌人），没有必要的时候，我们确实需要离手机远点儿，这项活动对于不少手机成瘾的人来说，的确是个挑战。

几天后，我又在朋友圈看到了她的挑战汇报结果。据她描述，刚关机时的几个小时里，她曾好几次心痒难耐，想打开手机瞄一眼，可最后都忍住了，后来慢慢地，她开始适应了没有信息打扰的生活，在之后不开机的30多个小时里，她觉得生活空前宁静美好，而且并没有因此而错过"一千万"。

扪心自问，如果让你来参加这个挑战，你会成功吗？很多人应该都够呛。

作家刘震云在其名作《手机》里写道："手机，原来就是为了方便人的，没它的时候，人挺自由，有了它人成风筝了。"

有了手机，我们的生活确实变得更便捷了，可这同时也为我们开启了一扇通往娱乐世界的大门：刷刷朋友圈、看看段子、搜搜娱乐八卦，不知不觉两三个小时就过去了。如果再追追剧、看看综艺节目，立马又有好几个小时被"吃掉"。

表面上看是我们在玩手机，可实际上，很多人是被手机操控了。

经常抱着手机玩个不停的人都会有一种感觉：看手机的时间越长，越空虚无聊，越空虚无聊就越想玩手机，这简直是一个恶性循环。

世界那么大，好玩的事情那么多，千万别让你的视野，仅仅局限于一部手机。

## 02

闺密王大美有一次和我聊她的"手机成瘾症"："最近我有个很可怕的发现，我每天至少有四五个小时在玩手机。因为我无意中发现手机里有个软件，可以统计我一天玩了几个小时手机，不看不知道，一看吓一跳，统计显示我每天平均玩5个小时手机，差不多每隔9分钟解锁一次屏幕。我都惊呆了，真不敢相信我会这么长时间、这么频繁地玩手机。"

王大美吐吐舌头继续说："我感觉自己挺忙的，上班的时候忙得像陀螺，下班的时候还要带娃儿，但是只要愿意堕落，好像总能抽出时间来——吃饭的时候，上厕所的时候，甚至陪娃儿睡觉的时候……"

对于"只要愿意堕落，好像总能抽出时间来"这句话我深表赞同。就拿各种短视频软件来说，它们真的是吃时间的利器。

有段时间我装了一个看短视频的软件，随便刷刷一两个小时就过去了，这对于又要写稿又要带孩子，时间本就不宽裕的我来说，真的是很恐怖的一件事，吓得我赶紧卸载了。

几年前，大屏智能手机开始流行，当时我想，这玩意儿真好，它可以为我们学习新东西提供很大的便利。遗憾的是，后来我发现，对于大部分人来说，手机压根儿就不是用来学习的，很多时候，我们只是用它来聊天或者看娱乐八卦。因为面对五花八门的消遣项目，想静下心来学习真的需要极大的自律力。

对大多数不够自律的人而言，手机只是向我们敞开了另一扇浪费时间的大门而已。

如何戒掉手机依赖症？除了前文提到的关机挑战，我还有两个小建议。第一，可以装一些具有限制功能的小软件，比如我们给自己规定每天只能玩三个小时手机，时间到了会自动锁屏。第二，不要把手机带上床。如果你想早点儿入睡，那么不带手机上床是最好的办法，这样除了缩短玩手机的时间，还能让你避免熬夜。

想要提升自己，那就要先放下手机，去做更重要也更有意义的事情。

## 03

曾看过 TED 上的一个演讲，主讲人是个时间管理方面的专家。她说："时间管理的一大要诀，是先评估每一件事对你来说的重要程度，把重要的事情排在前边去做，你就有时间了。"对此我深以为然。

以我自己来说，我再怎么浪费时间，也会把写稿子排在前面，因为这是我非常看重的工作。如果稿子没写好，我是不会去玩手机的，每天写 2000 字是我给自己规定的硬性任务，它永远排在我生活的第一位。

不可否认，人生在世，我们不可能一直保持高效工作的状态，偶尔也需要时间调整、休息。但与其用玩手机的方式休息，我们何不做一些更有意义的事情呢？比如健身、读书、看一些经典电影……

事实就是如此，看一个小时书总比逛一个小时淘宝更让人有成就感，跑半小时步总比看半小时短视频更让人自豪。

一个戒掉手机成瘾症的朋友说过一句特别经典的话："吾日三省吾身：今天读书了吗？锻炼了吗？学习了吗？如果没有，放下手机，快去！"

生活那么丰富多彩，生命那么恣意鲜活，可我们大多数时间却在埋头玩手机，这不是很可悲吗？我们给了手机那么多时间，可它还给我们的却只有干涩的眼睛、受损的颈椎、转瞬即逝的快感以及越发贫瘠的眼界，亏不亏啊？

我特别喜欢《月亮与六便士》这本书，其中有一句话尤其喜欢："不要只盯着六便士，偶尔也抬头看看月亮。"这在当下社会，就是指：不要总盯着手机了，是时候做点儿更有意义的事情了。

相信我，放下手机，你的眼界将更加开阔，你的生活将更加丰富多彩。

# 你为什么一定要尽早学会开车

## 01

尚在读大三的表妹说，她想利用空闲时间学点儿东西。她想学跳拉丁舞，可她爸却建议她去学开车——她并不想去。第一，自己一时半会儿没能力买车；第二，学开车很辛苦，学一夏天皮肤能晒黑好几个色号。女孩子都爱漂亮，当然不愿意找虐。

我也建议她毕业前先把驾照考下来，怕夏天学车被晒黑，可以利用寒假学，总之尽快学会开车是很有必要的，因为不管对男人还是女人来说，会开车真的是太方便了。

最近我经常因为不会开车而烦恼。

我们小区面积很大，我家住在小区中最靠近角落的一栋楼里。从我家楼下走到小区大门口，有1公里多的路，步行平均需要十几分钟，走到公交车站，又需要 5 分钟，短短 1.5 公里的路程，却经常让我觉得出门很不方便，尤其是带着孩子的时候。

平日带女儿打疫苗或有其他的事需要出门，一般是我或婆婆抱着她走到小区门口去坐公交车或打车。经常会有人建议我们，用婴儿车推孩子呗，抱着不累吗？累啊，可是有的小朋友不爱坐婴儿车，我家这位就是。每次往车里放她，她都会拼命挣扎、抗拒，这么说吧，你根本无法以"坐姿"把她放进车里。偶尔她肯坐进去，可不到一分钟，就又站起来了。推车出门的结果就是：常常一手抱孩子，一手推婴儿车，反而更累。

虽然我家宝宝不算胖，可要抱着她走 1.5 公里依然很考验腰力、臂力和体力。每次带宝宝出门，我最大的心愿都是可以叫个出租车开到我家楼下，遗憾的是门卫不让出租车进小区。所以很多事情我都是攒到周末再办，让老公开车带我们去。

说到底，这一切麻烦都源于我不会开车。

## 02

去年我父母来咸阳，我想带他们去周围的景点逛逛，可因为我不会开车，只能等周末老公休息时再带他们去，而如果我会开车，就可以说走就走，想去哪里就去哪里了。

还有一次儿子发烧，我和婆婆带着他去医院做检查。那天天气很不好，刮着大风，对于一个正在发烧的孩子来说，在风中走 1.5 公里可谓非常受罪。可是我们背着他也不现实，毕竟他比较大了，体重也有 50 多斤，所以只能发着烧自己走。

也是因为不会开车，原打算给女儿报某早教机构的课，后来考虑到坐公交车不方便，打车来回路费又太贵，所以只好搁置了。

不会开车，除了会造成生活中的不便，工作中也会如此。

一位好友说，自己所在的单位在邻市成立了一个分公司，领导有意提拔她，打算让她去分公司锻炼一段时间。可她家宝宝还小，去邻市的话估计只有周末才能回家，她有点儿放不下。

她和领导说了自己的顾虑，领导问："你会不会开车？两个市之间只有 30 多公里，不堵车的话开车 40 分钟就到了。"

她偏偏不会开车。

后来因为放不下小孩儿，她只好放弃了那个难得的机会。

你看，不会开车，真是处处受限。

而我一个会开车的朋友就不一样了，她有 8 年驾龄。我曾问她会开车最大的好处是什么，她的回答是"方便"，比如想带孩子去郊外亲近一下大自然，开起车来说走就走。她经常带小朋友去秦岭深处，玩玩水，爬爬山，累了就在附近找个农家乐饱餐一顿，真的是一种享受。

这位朋友以前自己也不会开车，想去哪儿玩儿必须得等她老公休假，然而她老公动辄加班，非常不方便，她也是鉴于此才下定决心一定要学会开车。现在情况就大大不同了，想去哪儿、什么时候去，她和娃儿两个人说了算。

会开车和不会开车的女人，生活状态真的大不一样。

## 03

一个朋友的孩子准备上小学了，她有足够的经济条件给孩子选择一所重点小学，那所小学离她家4公里，如果坐公交车过去，加上等公交车的时间，一般需要半小时左右。她家门口也有所小学，步行5分钟就可到达，可是教学质量一般。

如果是你，你会让孩子上哪所小学？

我建议上那所重点小学，因为4公里的路程，开车也就一脚油门的事儿。

"可是我不会开车。"她无奈地说。

我说："那就去考个驾照，现在学还来得及。"

她指指窝在自己怀里的老二："我现在去学，谁给我看孩子呢？"

这是个现实的问题，当你带着两个孩子的时候，再抽时间去学开车就变成了很困难的一件事。

所以，趁着年轻，赶紧掌握开车这项技能，让自己成为一名合格的司机。

会开车到底有多爽呢？有个读者是这样回答我的：

"我是一名跑步爱好者。周末开车送孩子上各种辅导班，送完孩子再开车去离辅导班不远的大明宫跑个步，跑完步回家洗澡，再去接小朋友放学，时间刚好来得及。如果不是会开车，我就无法享受这种无缝衔接的'自由'。简直是太爽了！"

曾看过这样一句话："孩子，你一定要学会开车，这与身份地位无关。学会了开车，你可以拔腿去往任何你想去的地方，不求任何人。"

# 拥有几分自律，便拥有几分自由

## 01

我有个朋友不久前辞职了。

她是个特别多才多艺的人，能画画，懂设计，加上人脉不错，工作之余还能接点儿私活儿。

她一直不喜欢上班，因为讨厌上班死板的时间限制，早上必须几点到，下午必须几点走，还动不动就开会。

她常说："我要是有灵感了，不管是不是上班时间都会开始工作，没灵感，让我坐在那儿也不管用啊。还是辞职好，没了通勤的烦恼，不用受上下班的限制，我相信自己可以做得更出色，效率会更高。"

然而，辞职半个月后，她郁闷地告诉我，还不如上班时忙里偷闲干的活儿多。

我忙问为啥，她说："早上起不来，晚上睡不着，有时明知道自己有活儿要干，但是耐不住总是自我安慰：晚点儿再做吧，反正还有时间，结果晚点儿又看韩剧或者刷微博去了……"

她说以前上班，到点儿了必须起床，下班到时间才能走，必须在岗位上待够 8 小时，干完了单位的活儿偶尔还能干干私活儿，现在可倒好，没人监督，她简直成了扶不上墙的烂泥。

我笑了，这些烦恼都是不够自律带来的，原以为辞职后会有大把的时间用来工作，孰料没人监督，时间全部用来娱乐了。

你也有这样的经历吧？明明想看一集韩剧，结果却看了三集；明明只想吃一把瓜子，后来却吃了好几个"一把"，明明想十一点睡觉，凌晨一点却还抱着手机……

这是典型的缺乏自律的表现。

作为一个资深自由职业者，我早就发现，其实"自由职业"是最"不自由"的，它需要严格的自律作支撑。经常有人表示羡慕我的工作，说可以天天睡到自然醒，想去哪儿玩儿就去哪儿玩儿，美死了。

我觉得他们严重误会了自由职业者，以我的日常来说，要写公众号稿子，有时还要写书稿，偶尔还会接一些文案的活儿，恨不得像八爪鱼一样有 8 只手可以同时推进这些事情，如果我想去哪儿玩儿就去哪儿玩儿，天天睡到自然醒，这些工作谁替我做呢？

作为一个自由工作者，我每天早上七点起床，洗脸刷牙、吃早饭，然后八点半准时坐到电脑前开始工作，十一点半去买菜，中午吃饭休息一小会儿，一点半左右继续工作，下午四点运动半小时，之后接小朋友放学，开始忙家里的事，一直到晚上十点，小朋友入睡后，我看会儿书或看电影，为了不影响第二天工作，我几乎不熬夜，一般晚上十一点半前就入睡。

自由职业，并不是完全自由的，越自律的人才会越自由。

## 02

曾经在知乎上看到一个话题："你起那么早是为了什么？"

下面回答一大堆，大多是让我们羡慕的充满正能量的理由：跑步、做早餐、背书、写作……当然，也有些人早起是为生计所迫，迟到了老板要扣钱，所以就算与被窝热恋再深、懒癌再重，还是不得不早起。

我一直以为早起的大多是老年人——觉少嘛，所以当我第一次发现我身边有位早起的年轻朋友时，我吓得一哆嗦。

她早晨五点多起床跑步，回来还可以做早餐。她解释，作为一个职场妈妈，她发现唯一能争取到的时间就是早晨了。每天下班到家已近七点，要做饭，还要陪小朋友，等家务做完、小朋友入睡，已经晚上十点多了，压根儿没有自己的时间。

但是，开始早起后就完全不一样了。小朋友通常七点多才起床，她五点多出门跑个步，跑完回来路过早市还可以买点儿菜带回来，之后做个简单的早餐，再悠闲地喊小朋友起床。这让她感觉早上的时间简直是赚出来的。

我发现很多自律的人，都善于抓住早上的时间。

一个朋友说她的小姨坚持早起已经二十多年了。她小姨是一名小学老师，还兼职学校教务处的一些工作，下班还要做饭、做家务，非常忙。

小姨喜欢写作，她发现早上不仅头脑最清醒，还不会被俗事打扰，所以她早起会先写作，每天写 2000 字，常年坚持，至今已经出了好几本书了。

朋友小姨的故事让我想起了日本作家村上春树。村上春树的高产是众所周知的，然而，高产的背后，也有着常人无法企及的自律。

1982 年秋，时年 33 岁的村上春树在开始职业作家生涯之际，就开始练习长跑。为此，他每天凌晨四点起床，写作 4 小时，跑 10 公里。这一坚持，就是三十多年。

村上春树说："想让时间成为自己的朋友，就必须在一定程度上运用自己的意志去掌控时间。"什么叫"运用意志掌控时间"，说白了，就是自律呗。

所有的自由背后，都有严格的自律，当自律变成一种本能的习惯，你才能成为真正的赢家。

## 03

相信大家永远不会忘记 2020 年初的新型冠状病毒，当一个悠长的假期凭空而至时，我们发现，自律和不自律的人，过的完全是不一样的生活。

不自律的人，每天吃吃睡睡、玩玩手机、看看电视剧，吃饱混天黑，感觉一天天过得飞快。而自律的人，有时间就读书、运动，每天充实又快乐。

同样一个假期，有的人读了十几本书，有的人却天天玩手机顺便收获了几斤新增的肥肉。

《少有人走的路》的作者斯科特·派克说："人生苦难重重。解决人生问题的首要方案，乃是自律，缺少了这一环，你不可能解决任何麻烦和困难。"

的确，我们的很多麻烦和烦恼，都是不自律造成的。

明知道自己体脂偏高，还是不注意饮食，不去运动；明知道要交的表格还没完成，却忍不住找人闲聊……

想要减少这些麻烦和烦恼，唯一的方法就是自我约束，让自己自律起来。

　　过了 30 岁，我愈发感觉自律是一种特别可贵的品质，能自律的人都是狠角色：自己逛街购物时，别人在电脑前吭哧吭哧地工作；自己躺床上呼呼睡懒觉的时候，别人却在晨光微曦中跑步；自己在电脑前噼里啪啦打游戏的时候，别人却在认真学习……日积月累，我们就会被那些勤奋又自律的人落得很远。

　　吉姆·罗恩说的好："我们都得承受两种痛苦中的其中一种：自律的痛苦或后悔的痛苦。差别在于自律感觉几盎司重而后悔却是几吨重。"不想让痛苦变成几吨重，那么就自律起来吧，去运动、去读书、去做任何有益你身心的事。

　　你拥有几分自律，就拥有几分自由。

# 人生越是艰难，越要心中有光

## 01

曾在一篇文章下的留言栏里看到一位女士的留言。

她说，儿时老家重男轻女，爸妈对她尤其苛刻。有一次她和妈妈说话时顶了两句嘴，妈妈便对她拳打脚踢，骂出的话特别难听。打骂完她后，妈妈让她出去放牛。她一个人拉着牛，一直往山里走，走了很久很久，后来发现走进了一片乱葬岗。

天渐渐黑了，她在乱葬岗里安静地坐下来，那一刻，她一心求死，真希望某个鬼魂可以把她带走。

可是过了很久，没有一个鬼来找她的麻烦，当然，也没有家人来找她。她不知道当时几点了，只知道天很黑很黑了，黑得一点儿亮光都没有。半夜，她牵着牛回了家。第二天，她想尽办法借了两百块钱，出去打工了。

如今，一眨眼已经到了四十多岁的年纪，每当想起那个在乱葬岗静坐的夜晚，她依然会眼眶发酸……

不长的一段留言，看得我心痛难耐。人生总有一些至暗时刻，要想跨过去真的特别难特别难，难到开始让我们怀疑活着的意义。

那些特别难特别无助的时刻，你是怎么撑过来的？

## 02

一个姑娘年轻时爱上了一个男孩儿，父母觉得男孩儿不靠谱儿，坚决反对。她却执意要和他在一起。结婚后，她很快怀孕了，就在她欢喜地准备迎接孩子的降生时，她发现父母曾经的预言是对的，男孩儿真的不靠谱儿。她怀有六个月身孕时，男孩儿劈腿了。

怀孕六个月，已经是妊娠中期，她一个人去医院打掉了孩子。进手术室前，她一边流泪，一边嘴里一个劲儿地念叨着："宝宝对不起，宝宝对不起……"

等身体恢复得差不多了，她果断地把离婚协议摔到了那个不靠谱儿的男孩儿面前，然后连夜收拾东西离开了他们共同生活的出租屋。没脸回老家，她就换了工作，换了电话号码。那段时间，哪怕是正常地走在路上，她都会突然想落泪。独自硬撑了很久，她终于遇到了现在的先生，他总是哄她开心，把她从黑暗中拉了出来，从此，她的生活里终于有了欢笑。

最难的时候，她一直告诉自己：会好的，日子一定会慢慢好起来的。就是凭着这个信念，她硬撑了过来。

## 03

一名读者跟我说，她最难的时候是老公和孩子同时生病，她不得不独自挑起家庭重担。

那一年，她老公在病床上躺了3个月，儿子的眼睛因手术裹了整整9个月的纱布。除了动辄挤车排队带儿子去医院看专家号，她还得到处借钱，节衣缩食地考虑生计。当时，焦虑、压抑等负面情绪一涌而来，愁得她大把大把地掉头发，一度悲观得想死。我问她是怎么熬过来的，她说："我当时就告诉自己，再难也得硬撑着，如果我倒下了，这个家就完了。一天一天地过，一天一天地熬，总有熬出头的时候。好在，现在真的已经雨过天晴了，我庆幸我当时没有放弃。"

生活不会一直明媚，很多时候，我们明明已经很努力了，却依然躲不过迎面吹来的狂风。这时候，请告诉自己，一定要撑下去，只有撑下去，才有机会看到雨后的彩虹。

## 04

另一名读者说，她最难熬的日子是在 1997 年。当时她刚初中毕业没多久，独自拿着 1000 块钱去北京学电脑，住了 3 个月的地下室，只敢吃馒头和咸菜，连泡面都舍不得吃，因为营养不良，她一度连月经都停了。

幸好，通过拼命地练习，她的打字速度慢慢能达到每分钟100 多字了。后来她去了寻呼台应聘，因为她知道那里一个月能挣到 700 多块工资，这对当时的她来说简直是一笔巨款。得知被录用的那一刻，她感到前所未有的激动，直到现在回忆起来，都忍不住想奖励自己一顿大餐。

生活是苦，但是请你相信，只要你足够努力，一定能咀嚼到它的甘甜。

## 05

一个朋友说，她是远嫁，和老公是因为爱情才走到一起的。结婚后才发现老公霸道又强势，根本不尊重她的意见，所以两个人总是争吵不断。

当时和公婆同住，即使吵架也不敢大声吵，受了委屈，她也只会一个人躲在房子里悄悄抹泪。有一次又吵架了，她一个人悄悄出了门，出去的时候是傍晚，没带钱包也没带手机，逛累了便在一个 24 小时营业的快餐店坐了下来。她选了个无人的角落，一直哭一直哭，她一度以为婚姻维持不下去了，下定决心要离婚。

后来老公找来了，让她回家，明明是老公不对，她还是选择了跟他回去，因为实在无处可去……

后来她试着去沟通和改变，和老公的关系终于慢慢缓和了。她说偶尔还是会想起那个晚上，自己孤零零地坐在那个角落，真的以为一切都完了。

现在他们结婚 7 年了，有一儿一女。她说，如果当时提了离婚可能就真离了，至于现在，还算幸福。

## 06

每个人的一生中，都有些艰难的时刻吧，我们可能会感慨，这个坎儿真难过啊，这时，我希望你一定撑下去，希望你多一些耐心，多一些坚毅，更希望你有一个信念，那就是，那些打不倒我们的，终将使我们更强大。

很多时候，我们只能凭着一点儿孤勇，用力地往前走。那些熬过来的人，才是真正的勇士。

在黑暗中穿梭了太久，已经很久没有看到光了，你以为自己掉进了无底洞，其实你只是进入了一段很长很长的隧道，只要再坚持一下，黑暗就过去了，前面就是出口。

第二章

○

任何时候，脱贫都比脱单更重要

# 女人没有买房的必要？别开玩笑了

## 01

读者宁宁说，她和男友都到谈婚论嫁这一步了，却因为买房的事产生了分歧，甚至闹得要分手。

宁宁大学毕业后，在一个小城市工作，她收入不低，加上很有理财意识，毕业四年已经存了七八万块钱，于是她打算趁房价不高买一套小户型的房子。宁宁的父母都觉得女儿能做到经济独立挺好的，况且，有了房子也更有底气，所以都支持她买房。

没过多久，宁宁认识了现在的男友，男友是本地人，家里有两套房，还有一辆车，条件还算不错。两个人的感情发展得挺顺利，不久男友也知道了她买房的计划。就在宁宁准备为自己选中的房子交定金时，男友却提出了反对意见："我家都有两套房了，将来我的房子就是你的房子，你买那么多房干吗？"

宁宁并不觉得男友的房子就是自己的，那毕竟是男友的婚前财产。她父母家离男友家挺远的，将来如果嫁给男友，可谓远嫁，如果没有自己的独立住房，结婚以后吵架了、受委屈了，自己连个容身之处都没有，而且父母就自己一个女儿，将来来自己的城市小住，住在自己买的房子里也更舒心，不用仰人鼻息、看人脸色。

宁宁男友说："如果你执意买房，将来结婚了我们就得从家庭收入中抽出一部分钱来还贷，你要是怀孕生孩子没法儿上班，那就意味着房贷只能靠我的工资来还……"

宁宁听出了男友话里的意思：这房子如果现在买了，那就是宁宁的婚前个人财产，而婚后男友还要帮宁宁继续还贷，男友太吃亏了……

"你一个女人，买什么房啊？简直是瞎折腾！"男友甚至这样轻蔑地讽刺宁宁。

其实宁宁咨询过律师，如果自己婚前独立付首付买了房子，那将来一旦发生离婚之类的意外情况，这套房子虽然名义上还是她的，可婚后共同还贷部分和房屋增值部分也需要夫妻二人平分，所以男友并不会吃亏。

因为这件事，宁宁和男友闹得非常不愉快。她没想到，还没走进婚姻的殿堂，男友就已经把小算盘拨得这么响，她不知道他们两人到底还该不该结婚了。

# 02

有些人可能会有这样的想法：女人买什么房？

可是，买了房子可以自住，也可以出租，只要自己有足够的经济能力买房、还贷，买房有什么不可以？什么时候自己的钱自己都支配不了了？

我表姐当年买房，也遇到了阻力，当时第一个站出来阻拦她的就是她妈妈，也就是我小姑。

当时当地的房价为 7000 多块钱 1 平方米，表姐月收入5000 块钱左右，每个月需要还 2000 块钱的月供，再除去吃喝用度，一个月的工资所剩无几。

我小姑的观点是，女孩子迟早要嫁出去的，找个有房的人结婚就可以了，自己干吗还要花那个冤枉钱买房？这不是给自己增加负担吗？

我表姐执意要买，她觉得如果自己有套房子，那她找对象时就不需要再把"对方有房"当成择偶的必要条件，而且，就算将来结婚时用不到自己的房子，自己这套小房子也可以租出去创收。

事实证明我表姐这个决定非常英明，现在她那个小区的房价已经翻了快一倍了，很多人都开始夸她有眼光，她自己也打心底里感到满足。

## 03

而我另一个朋友，就因为刚毕业的时候没及时买房，现在肠子都悔青了。

那时朋友的单位曾团购过一次房子，单位统计人数时问她要不要买，她表示不买。实际上当时以她的存款再向家人稍微借点儿钱，就可以买下一套小户型。一个跟她关系不错的同事劝她："你将来八成会留在这个城市，买房是迟早的事儿，听说咱们公司那个和你同期入职的男同事也报名了，你可得想清楚啊。"

她其实也有点儿心动，可心里却想着：现在我买不起大房子，买小了将来还得换大的，还不如将来和男友一起买，一步到位。或者更幸运一些，没准以后我能找到个有房有车的男朋友呢，那岂不是更不用我操心房子的事儿了！

带着这样的想法，她犹豫良久终于还是放弃了那次买房的机会。

大概一年半后，她有了男朋友，也开始谈婚论嫁，男友也是无房一族，他们一起去看房子时，才发现当地的房价涨了不是一点儿半点儿。当男友知道她曾经有买房的机会却轻易放弃的时候，还半开玩笑地怪她没有眼光。

她也很懊恼，感觉好像错失了一个亿，然而世上从没有后悔药。

所以啊，要不要买房，首先该看你有没有这个能力，负不负担得起，而不是看你是男还是女。

# 我拼命赚钱，就是不想在乎对方的经济条件

## 01

大家都觉得纪小露疯了！因为她找了个"无业男"。

更疯狂的是，她竟然还说："没关系啊，我挣钱多，我可以养他啊。"于是亲友们愈加认为她是中了邪。

是这样的，纪小露芳龄 31 岁，几年前在日本留学时发现朋友圈开始流行代购，就跟风做了代购，没想到竟然做出了点儿成绩，在普通人眼中，事业也算小有所成。

大家都羡慕纪小露运气好，发发朋友圈，轻轻松松就月入数万元。经常有人这样说："小露你真的好有眼光，早早入行做了微商，一下子发达了。我们现在倒是想做，可已经错过了红利期，来不及喽。"

纪小露听了这些，向来笑而不语。

直到巫伟出现。

纪小露和巫伟是相亲认识的。得知纪小露的工作是在朋友圈做代购，他非常钦佩地说："我好多朋友都试过做微商，后来大多都放弃了。你能做到现在这样的成绩，肯定很不容易吧？"

巫伟这番话让纪小露感到很惊喜，因为这是第一个懂她的人。在别人眼中，好像做代购只需要发发朋友圈就好，其实完全不是那么回事好吗？纪小露经常 24 小时不关机，即使半夜一两点有人跟她要货，她也会马上回复，更不要说为了选择好的产品跑得两腿肿疼。

问及巫伟的工作，巫伟回答："我在银行工作了 6 年，越来越感觉那不是我想要的生活，我存下了一点儿钱，干脆辞职休整一下，所以我现在是个无业游民。"巫伟又补充道："我现在在家主要就是看看小说，研究研究烘焙，跑跑步。"

纪小露十分欣赏巫伟的直率，也钦佩他辞掉银行这个铁饭碗的勇气。

有时候产生好感就这么简单，纪小露和巫伟的进展也非常顺利，认识不到一年，他们就结婚了。

纪小露最烦料理家务和做饭，也吃腻了外卖，加上自己在做微商创业，生活十分没规律。巫伟的到来，让她原本乱七八糟的生活瞬间规律起来。巫伟不但是个大暖男，而且超会做饭和做家务。她实在是太享受和巫伟在一起的生活了，简直像娶了个"老婆"一般。

对于亲友们的态度，纪小露是这样回应的："如果休整一段时间，他想出去工作，我支持，如果不想工作，那就在家好了。我拼命挣钱，就是希望不用在乎对方的经济条件，只要彼此相爱，谁挣钱养家，重要吗？"

就算无法说服亲友，以纪小露的性格和财力，也完全不会在意他们的意见，只要自己开心就好。

## 02

不知从什么时候开始，像纪小露这样的女性越来越多，她们选择遵循内心向往的生活，她们有一定的经济能力，又非常有自己的想法，只要遇到合适的人，她们才不会考虑对方的经济条件，甚至愿意独自养家。"你给我爱情，面包我来挣"就是她们的生活信条，因为她们知道自己想要什么。

杨姐家就是这种情况。杨姐在一家房地产公司担任策划总监，她的收入一直比老公许东高很多。

有了宝宝后，因为没有老人帮忙照顾小孩儿，找保姆又有点儿不放心，许东便主动提出由他来照顾宝宝，一则他收入没有老婆高，二则他是做设计的，在家也可以接一些小活儿。

就这样，许东做起了全职奶爸，给宝宝喂奶、换纸尿裤、做辅食，竟然做得有模有样。他还带宝宝去游泳馆，在一大堆带着宝宝洗澡的妈妈、奶奶、外婆中，许东这个唯一的"雄性"非常扎眼，特别引人注目。

杨姐偶尔会问许东："让你在家照顾孩子，你会不会觉得委屈？"许东总是嘿嘿一乐："我很高兴有机会看着孩子一天天长大，我幸福还来不及，怎么会委屈呢？我倒心疼你工作压力大、太辛苦了。"

美好的爱情就是这样，我懂得你的不易，你明白我的辛苦。

虽然偶尔有人说闲话，但他们两人心态都很好，还达成了这样的共识：无论谁养家，都是为了家庭生活的和谐幸福，无论主内还是主外，都是在为这个小家做贡献。

他们把自己的小日子过得有滋有味，令人艳羡。

的确，对有了宝宝的家庭来说，起码在宝宝三岁前，必须有一个人花更多的力气来照顾宝宝。这种情况下，为什么不保住收入高的那个人的工作，让收入少的一方来照顾宝宝呢？至于是男人养家，还是女人养家，真的那么重要吗？

## 03

在这个越来越追求男女平等的时代，婚姻生活中，女强男弱这种搭配越来越常见。

早在几年前，红极一时的《婚姻保卫战》就曾提及这一现象：越来越强大的妻子们给了老公们空前的压力。时至今日，女性的经济能力日益提高，"强妻"在生活中也越来越常见。

男人挣钱没女人多甚至没收入，就是堕落、不思进取吗？女人主动养男人，就是傻、笨吗？得了吧，作为女人来说，如果男人愿意做饭、做家务、带孩子，那我愿意养他啊！只要能达成共识，男主内，女主外，也未尝不是一种理想的模式。

真正精神独立的女性，并不介意被吃软饭，也不在乎被别人养，只要你是我的 Mr. Right 就好。

谁养谁都不重要，一起挣钱两个人花也很好。

对于一段感情来说，归根结底，是否合拍、能否愉快地相处，才更重要。

# 不想在婚姻里忍气吞声？那就置顶你赚钱的能力

## 01

晓夏前段时间发现老公出轨了。

晓夏和老公结婚五年了，老公在一家非常不错的公司担任高管，年薪足够养活一家人。四年前生下大宝后，晓夏做了全职主妇。

她原本计划孩子上幼儿园后，重新出去工作，结果又意外怀上了二胎。当时晓夏颇为犹豫，如果生下二胎，那么自己可能又要在家做三四年的全职主妇，甚至可能永远无法出去工作了。这时，晓夏老公提出："既然怀孕了，那就生下来吧，我会努力挣钱养家，你只负责把两个娃儿带好就行。"

老公说出这样的话，让晓夏觉得很有安全感，也很幸福，于是开始安心地养胎。一年前，晓夏如愿生下了二宝，是个千金。

儿女双全的他们获得了周围人的许多祝福，老公也很喜欢女儿，对其视若珍宝。可晓夏从没想到，就是这样一个在自己看来爱自己、爱孩子、爱家庭的好男人，有一天竟会做出对不起自己的事情。

女儿半岁的时候，老公开始频繁地出差和加班。晓夏心疼老公一个人挣钱养家辛苦，无比体谅他，从不要求他做家务。女儿频繁半夜哭闹，为了让老公能睡个安稳觉，晓夏甚至还提出让老公睡书房。她一直觉得她和老公是一对能互相体谅、相亲相爱的恩爱夫妻。

所以，当小三儿找上门的时候，晓夏还在想是哪里来的疯女人。

然而，事实上老公所谓的出差和加班，几乎都是在陪这个"疯女人"。更令人目瞪口呆的是，老公对于自己变心这件事十分坦荡，完全没觉得不好意思。他甚至将自己出轨的原因归咎为晓夏只懂得照顾刚出生的宝宝，完全忽略了自己的感受。

你看，"渣男"的"渣"就在于，明明是自己出轨，却还把原因甩锅给老婆。

晓夏哭过，也闹过，可是，她不想离婚。

她说她不想让两个孩子没有爸爸，而且她有很多的不甘——结婚后她把全部的精力和心思都给了这个家，她不愿意把这一切都拱手让人。

可是夜深人静之时，当晓夏独自在黑暗中望着吊灯发呆时，她知道，她其实是不敢离婚。

晓夏已经有五年不上班了，她不知道自己还能否适应职场生活，她没有自信能养活自己，更不知道拿什么去和老公争夺孩子的抚养权。

曾经，我很不理解：既然他都出轨了，那为什么还要在一起？果断让他滚啊。可后来，我才明白，这世上为什么会有那么多凑合的婚姻。

如果你经济不够独立，很多时候，在婚姻里你只能忍气吞声。

## 02

所以当表妹问我，她要不要做个全职妈妈时，我的建议是：不要。

表妹和表妹夫学历都不高，两个人一直在北京打工，而且在同一间工厂，表妹怀孕后，一直到休产假才回老家待产。

宝宝四个月的时候，她面临两个选择，要么给孩子断母乳，重新回北京打工，要么继续在老家带孩子。

孩子小，她放心不下，想留在老家，可当时学历不太高的她，好不容易谋得了一份看上去挺有前景的工作，她不想轻易放弃。

我建议她说服婆婆去北京给她带孩子，虽然开销会多一些，却可以让孩子陪在身边。她考虑良久，采纳了我的建议。

最初那几年特别难，妥妥的月光族，可表妹一直坚持努力工作。孩子一岁半的时候，她的上司跳槽去了另一家公司，一直勤勉努力的她终于得以晋升。

如果表妹在生完孩子后选择了辞职，等孩子大点儿后再重新出来工作，那很可能就要从零做起了。更不必说，做全职妈妈虽然更辛苦，但付出和回报却很难成正比。

在电影《找到你》中，李捷说过一句话："这个时代对女人要求很高，如果你选择成为职业女性，就会有人说你不顾家庭，是个糟糕的母亲；如果你选择成为全职妈妈，又有人会说生儿育女是女人的本分，这不算一个职业。"

所以，如果有人帮你带小孩儿，我不建议你做一个全职妈妈。如果没人帮你带小孩儿，你不得不做一个全职妈妈，我希望你永远不要丧失重返职场的能力。

## 03

我的读者群里有一位宝妈，生完宝宝后做了全职妈妈，带宝宝的同时，她一直认真准备会计从业资格的考试，并且成功通过了考试。资格证的顺利到手使她在重回职场时，职业起点提升了一大截，而不是像从前那样做超市导购。

这当然不是件容易的事，个中艰辛只有亲身经历后才懂，好在，大多数时候，认真付出总是会收到相应的回报。有时候一张证书，就能为你重入职场添筹加码。

在当前的社会环境下，女人即使遇到一个很爱你也很尊重你的人，也要保有经济独立的能力和必要的谋生能力。

这世上，很多事情是不可靠的，公司可能炒你鱿鱼，朋友可能背叛你，老公可能出轨，父母也不会永远陪在你身边，所以，你真正可以依靠的，只有你自己。

当你经济独立了，发现男人出轨，才可以有更多的选择，你既可以选择原谅他，也可以选择换了他。离开了他，你完全可以养活你自己。当你经济独立了，你将不用仰人鼻息，也不会是一个家庭中地位最卑微的那个人。

既要兼顾孩子，又要适应职场达人的身份，这并不容易，但是，请不要放弃，因为最困难的时期也就是最开始的那几年，熬过去了，等孩子长大一点儿，真的就好多了。

少吐槽婆婆，少抱怨老公，多挣点儿钱。钱不是万能的，却是你的底气，能让你活得硬气。

有经济实力的女性，可以晚结婚，可以选择和"小鲜肉"谈恋爱，甚至可以选择不结婚。她们才不会在发现老公出轨后还要忍着，继续过苦巴巴的苦日子。

是的，她们想怎么做就怎么做，因为她们自己挣钱自己买米，这样的女人，一个人也可以活得很好。

所以啊，姐妹们，想活得精彩？那就努力挣钱去！

# 开源和节流并进，日子才能越过越富

## 01

最近我身边有个人一夜暴富了。他就是在我们小区门口卖菜夹馍的陈老板，我们都叫他"陈哥"。

是这样的，陈哥老家一直说要拆迁，最近盛传了很久的拆迁终于变成了现实，陈哥家一夜之间多了四套房。这几天交房交钥匙，陈哥低调地更新了朋友圈，那是一张站在高层俯视远方的照片，还配了句话：站得高，望得远。

我和老公说，陈哥马上就要成为包租公了，估计很快就不再卖菜夹馍了。

然而，令不少人惊掉下巴的是，拆迁户陈哥并没有如大家所想的那样"金盆洗手"，依然每天四点半起床做出摊儿的准备工作：和面、生炉子、调菜，然后在六点半准时出摊儿，完全不像一个坐拥四套房的"土豪"。

值得一提的是，陈哥原先的经济条件也不差，凭着勤恳踏实的性格和不错的手艺，他的收入是当地普通上班族的两三倍，就我们这个小城来讲，这收入已经相当可观了。现在一下子又多出四套房，陈哥一家下半辈子可谓是吃喝不愁了。

可是陈哥依然勤勤恳恳，起早贪黑地做他的早餐生意。

这让我想起了一句话，那就是："比你有钱的人不可怕，可怕的是比你有钱的人还比你努力。"

我一个好友的老公在当地一家颇有实力的公司上班，收入相当不错，而且工作稳定。有一次我偶然得知，她老公下班后，还会去跑滴滴。

在我眼中，她家条件很不错。她和她老公都是西安本地人，又都是独生子女，当我们都在存钱买房的时候，他们两边的父母已经给他们凑了些钱，直接帮他们付好了首付，四位老人又都有退休金，所以他们真没必要这么拼。

可好友却说："就是因为我们是独生子女，所以才更要努力，因为我们将来要赡养四个老人啊，多挣点儿钱以备不时之需是非常必要的。"

朋友这种未雨绸缪的态度，让我深感佩服，难怪人家说要和优秀的人做朋友，和他们做朋友，你不努力都会觉得不好意思。

# 02

一个好友前几天晒出自己的月消费账单：房贷、孩子的教育费、水电费、宽带费、交通费、置衣费、物业费、旅游费……每个月没有小一万根本打不住。

她问我："咱俩关系好，你跟我说实话，到底是我挣得太少，还是花得太多？为什么我存不下钱呢？"

我们是十年老友了，我眼瞅着她这些年的收入从四千多逐渐变成了一万多，当然，也眼瞅着她的消费水准越来越高，最新款的手机说买就买，几百块钱一支的口红可以一次买好几支……这几年她虽然收入高了，可花钱的地方也更多了，更不要提，她还喜欢买各种高端化妆品、包包等。

在我心中，她一直是追求精致生活的代表，于是我实话实说："如果你一定要追求别人眼中的精致生活，那就拜托你别哭穷好吧，每个月工资就那么有限的几个钱，你还死死抓住高品质生活不撒手，然后还向我哭穷，这样我真的完全不知道该怎么安慰你。"

后来，我给她讲了陈哥的故事，然后苦口婆心地劝她："有四套房子的人还在辛苦地早起卖菜夹馍，还在不停地挣挣挣，而你刚月入一万就开始只想着花花花，能不穷吗？"

人人都想享受高品质生活，但当金钱撑不起我们想要的生活时，要么开源，要么节流，总得做出一些改变。

我建议她适当控制自己的欲望："如果过不精致的生活就觉得难受，那就遵循少而精原则，同时要学会记账，量入为出。"

她照办了。

经过我的一番引导，过了几天她突然想到她弟弟在开童装店，她可以在朋友圈帮弟弟卖童装。因为她品位不错，弟弟选的衣服质量又可以，她的小生意竟然开始做得有模有样，用她自己的话说，挣几支口红是没问题的。

就这样，好友终于不找我哭穷了。

## 03

一个同学工作比较稳定，收入也可以，她唯一的缺点就是喜欢"买买买"，用她自己的话说是"购物成瘾"，为此，她一直挺苦恼的。

后来她转换思路，干脆在工作之余建了个购物群，把自己遇到的好用的东西推荐给大家，顺便赚点儿佣金，好的时候一个月能赚两三千，差的时候也能有一千出头的收入。工资加外快，让她的收入一下子变得相当可观。当然，听说她建的那个购物群是需要维护的，平时要主动找些话题聊聊，也要时不时发发红包笼络群员，并不是每天只往群里发发购物链接就完事儿了。

她曾经无数次把这个挣钱的方法告诉亲朋好友，有的人嫌麻烦不愿意做，也有人兴致勃勃地效仿几天就坚持不下去了，还有的人干脆看不上这笔小钱。

我认识的另一个妈妈，生了一对双胞胎，因为一下子多了两个小孩儿，婆婆一个人照看不过来，她便辞职了，一时间家里经济便显得捉襟见肘。后来孩子一岁的时候，她想了个"开源"的方法，在小区门口摆了个沙池，她自己家娃儿既可以在里边玩儿，还可以顺便挣点儿钱，后来她又扩大业务，摆沙池的同时兼卖玩具，既不耽误看娃儿，还能赚点儿零花钱。

当然，既要看娃儿，又要看摊儿，辛苦也是不言而喻的。好在有婆婆帮她，她老公下了班也会过来帮忙，所以虽然辛苦，但一家人共同努力，互相体谅，也就觉得可以忍受了。

节流是有必要的，开源的法子也有很多，可如果怕辛苦、嫌麻烦，还想赚大钱，那无异于异想天开。

不是每个人都会凭空多出四套房，中大奖的运气也不是人人都有，归根结底，钱要踏踏实实地挣，日子要细水长流地过。不愿意牺牲生活品质，又没有开源节流的能耐，那就只剩下哭穷的份儿了。

# 合理理财，是抵御风险的第一步

## 01

好友兮兮说，她的一位同学婷婷最近发起了众筹，原因是家人生病了——癌症晚期。

兮兮怎么也没想到，婷婷竟然会通过众筹来筹钱，因为在她的印象中，婷婷真的"很有钱"。

婷婷在某知名公司任职，收入不菲，工作之余，她主要的休闲活动就是去健身房或者上插花、陶艺之类的课程，一年还要去国内外旅游几次。反正在兮兮心目中，婷婷一直过的是高品质生活，她怎么也没料到婷婷竟然会像"穷人"一样发起众筹。

后来兮兮从另一个同学小A口中得知，婷婷虽然收入不菲，可经不住她花钱大手大脚，加之喜欢追求"品质生活"，所以她并没有多少积蓄，更不要提，她家人这次患的是很难治的大病，就算有些储蓄也扛不住啊。

"没买保险吗？"兮兮顺口问。

"没买，听说他们一家人谁都没买商业保险，只有公司给交的五险一金——那哪儿够啊！"

据说婷婷最开始尝试过向亲朋好友借钱，可并没借来多少——在不确定你是否有偿还能力的时候，除了至亲至交，谁愿意借钱给你呢？真的不能怪他人凉薄，毕竟谁的钱也不是大风刮来的。无奈之下，婷婷只好众筹希望可以解燃眉之急。

这件事对兮兮触动蛮大的。婷婷原本过着精致悠闲的生活，一场重病就能让她的整个家庭陷入风雨飘摇之中。兮兮自忖自己收入不高，抵御风险的能力更差，作为普通人的她，更应该多想想如何才能防患于未然。

说到众筹，我也经常在朋友圈看到这类求助文章。前段时间，楼上的邻居还给我发了一个众筹链接，求助者是她同事，得了胰腺炎。

说实话，最初看到"炎"这个字，我以为并不严重，后来才得知，原来胰腺炎是一种要命的病。据邻居说，说同事命悬一线都毫不夸张，要治好这病怎么也得花80万。

80万对于一个普通家庭来说，着实不是一笔小数目，听说邻居的同事为了治病不仅拿出了家里所有的积蓄，更是向七大姑八大姨借了个遍，可钱还是不够，最后只能寄希望于众筹。

因为是邻居的同事生病，知道求助消息是真的，所以我也捐了点儿钱。捐钱时我特意点开捐款详情页看了一下，发现当时她同事一共才筹到了 6 万多块钱，这对于 80 万块的筹款目标来说，显然是杯水车薪。

## 02

你永远不知道明天和意外哪个先来。如果没有一点儿应对措施，我们用心守护的家庭，可能会被残酷的现实击得七零八落。

我同事的妈妈前些年得了乳腺癌，她妈妈才 50 多岁，还很年轻，同事得知这个消息后暗暗下决心，就算把房子卖了也要给妈妈治病。幸运的是，她哥哥曾给妈妈买过一份重疾险，这极大地缓解了他们的压力。

然而不幸的是，半年后，她婆婆又查出患了肝癌。妈妈的病要治，婆婆的病当然也要治。可婆婆多年来一直没工作，甚至没有按时交社保，这就意味着婆婆的病需要全部自费治疗。老人家心疼钱，为了不给孩子添麻烦，轻描淡写地说了一句："我这么大岁数了，也活够本儿了，不治了。"可同事深知，如果放弃治疗，老公和自己一辈子都无法释怀。

后来他们卖了一套房，婆婆多撑了几年，虽然最后还是走了，但因为当初全力救治了，所以他们并没有太多遗憾。好在这位同事家境还算殷实，虽然卖了一套房，却还有另一套房子可以栖身。试想，如果他们名下只有一套房子，又要全力救治婆婆，那这一家老小估计就只能去外边租房住了。

对于许多工薪阶层来说，攒钱买套房，少则要五六年，多则达数十年，可卖房却是几天的事儿，实在令人唏嘘。

所谓人到中年，就是放眼望去，全是需要依靠和仰仗你的人。在一个"上有老，下有小"的年纪，我们身边的每一个家人都需要我们照顾好、安顿好。

作为普通的工薪阶层，我们每个人都该有一份合理的理财规划。

在收入有限的情况下，每月该消费多少？储蓄多少？买什么保险？拿出多少用来理财？每个人心中都应该有个小算盘。

## 03

以下是我整理出来的几点有关理财的建议，分享给大家：

第一，要尽量多赚钱。

趁年轻，头脑灵活，身体结实，我们一定要多赚点儿钱。

犹记得刚毕业时，我们单位有个同事，下班后会去摆地摊儿，卖些发卡、首饰之类的小玩意儿。我曾问她："这么拼干啥，累不累啊？"她笑着说："数钱的时候就不累了。"

事实证明，天道酬勤，她后来成了我们同一批入职的员工中最早买房的人，她用自己存的钱加上父母的支援，轻轻松松付了一套小户型的首付。

几年后，当我们开始考虑结婚买房的时候，房价已经贵到让人目瞪口呆了，而同事的房子却早已装修好并开始出租创收了。

第二，要有储蓄意识。

亦舒曾说过："记得积蓄，那样有一日失去任何人的欢心，都可以不愁衣食地伤春悲秋，缅怀过去。"

女性要想保持经济独立，节流和开源一样重要。

说起储蓄，相信很多人会想起父辈的谆谆教诲，什么"手中有粮，心中不慌""不要寅吃卯粮"等，都是在叮嘱我们平时要多存点儿钱，以备不时之需。我到现在都记得，大学刚毕业时，妈妈就对我说："别看不起小钱儿，一个月存500块钱，一年还能存6000多块呢，钱就是这样慢慢攒起来的，积少成多，聚沙成塔……"

年轻时对这些叮咛颇不放心上，可现在的我早已成了"储蓄派"。

人到中年后才慢慢发现，"不时之需"真的太多了：这个月有同事要结婚，下个月有朋友家的孩子满月，再下个月自己家孩子突然又生病了……如果没有存款，那就成了妥妥的"月光族"了。

第三，要有保险意识。

前段时间我得了一场肺炎，在医院住了七天，前前后后花了大概 5000 多块钱，幸运的是我一直按时交医保，所以 5000 块钱医疗费中，只有 1500 块钱需要自费，这帮我省下了一笔不小的开支。

除了必要的社保、医保，我们最好再给自己配置些合理的商业险，比如重疾险、意外险等，有不懂的可以多查查相关资料或者咨询专业人士。

说白了，我们不但要有挣钱的能力，也要有理财的意识，两手都抓、两手都硬，才会在意外来袭时，不至于仓皇失措。

# 别再为商家制造的噱头狂买单了

## 01

你一定听过一句话："买东西时，一定要在自己能力允许的范围内买最贵的。"

很多人表示赞同：说得对！人挣钱到底是为了什么？还不是为了提高生活品质，让自己和家人过得舒心？这是过上品质生活的不二选择！

我也曾被这句话忽悠过，曾在能力范围内买最贵的东西，可后来我发现，最贵的东西买回来照样会闲置。凡事只求最贵，不见得一定能提高生活品质，倒是容易让你的钱包加速瘪下去。

## 02

事情得从儿子想要买天文望远镜说起。当时我随便在网上搜了搜，发现天文望远镜都挺贵的，最便宜的也得几百块钱，好点儿的得几千、上万，再贵的，比如哈勃空间望远镜，那我等平民就只能看看照片了。

我当时看中了两款望远镜，一款叫小黑，价值3000多块钱，玩望远镜的朋友们都知道，这是性价比非常高的一款，是很多天文爱好者的心头好，另一款800块钱左右，是个入门级。

作为一个选择困难症患者，我开始纠结到底该买哪款好。买便宜的吧，如果儿子一直喜欢看星星，那将来是不是还要升级呢？所以是不是一次到位比较好？可如果买了贵的，儿子过几天又没兴趣看星星了，那不是浪费钱吗？

我在群里问朋友们意见，大多数人都支持我买贵的，还甩出了那句毒鸡汤："在你能力允许的范围内，买最贵的。"我差一点儿就被说服了——虽然心疼钱，但贵的相对来说确实专业啊，买了贵的那款，从此就可以经常去天台上看月亮、看星星了，真是又浪漫又美好。但我内心的疑虑依然按捺不住：如果儿子对天文学的兴趣只是一时的心血来潮呢？如果他玩几次就不喜欢了，我们做父母的总不能为了物尽其用，重新培养自己的爱好吧？

思来想去，我最终下单买了个800块钱左右的入门级望远镜。再后来，望远镜顺利到手了，可难以启齿的是，到现在买了一年多了，望远镜一共用了不到10次。

　　为了不让这个"大玩具"闲置，我每天都会透过窗户张望天上有没有月亮。遗憾的是，北方的冬天雾霾太严重了，很少能看到清晰的月亮。好不容易等到月亮出来，我喊儿子去天台看月亮，儿子还扭扭捏捏很不乐意，因为相比看月亮，他更喜欢看动画片。

　　但是，我这个老母亲可不允许这么一件"大玩具"闲置啊！于是孩子爸爸扛着望远镜，我抱着女儿，拉着儿子一起去楼顶的天台看月亮。结果因为楼顶风大，月亮没看一会儿，人倒是给冻舒服了，从天台上下来以后冻得我不住地打喷嚏。

　　下楼时儿子还说："妈妈，我再也不看月亮了，太冷了。"

　　我恨不得让他赔我买望远镜的钱。

　　所以，自从天文望远镜买回来之后，它就成了一个摆设，而且是挺占地方的一个摆设。试想一下，如果当时我买的是3000多块钱的那款，此刻岂不是更闹心？

　　很多东西买回家的意义就是摆着，这已经不是我第一次发现这个真理了。

　　我曾经买过一个吸尘器，买了有五六年了，用了也就十几次。扔了吧，会觉得自己暴殄天物；留着吧，估计重新利用起来的机会也不大。

# 03

千万别以为最初多花点儿钱，利用率就会提高，别天真了，这样惨痛的教训我也有！

拿我的自行车来说吧，买它前有个朋友说我不骑长途，买个一般的就行了，于是他给我推荐了一款 1500 块钱左右的车。然而，到了店里，店员给我推荐了一款将近 3000 块钱的。确实，从外形上说，它看上去非常炫酷；从功能上说，店员说它很轻，骑起来会省很多力。店员还说了，买便宜的，很容易闲置；买贵的，为了不浪费也会经常骑的。

我信了，于是在能力范围内买了最好的。于是，一辆将近 3000 块钱的自行车被我提回了家。

我能不能告诉你，就是这辆我曾经很爱很爱的自行车，其命运是常年在地下室积灰呢？而且后来我才知道，除非骑它参加比赛，否则像我这种偶尔骑一骑的，轻便和省力这两项优点都在可以忽略的范围之内。

所以，在能力范围内买最好的，你确定这不是商家为了骗你多花钱而想出的伎俩吗？

很多时候，我们购物其实都是冲动使然。比如，当你决定好好跑步时，跑鞋得有吧？于是你打算先买一双 1000 多块钱的跑鞋。如果你坚持跑了，它当然比 300 块钱一双的鞋效果好；

可如果你没坚持跑下去，那它和 300 块钱一双的鞋作用是一样的，那就是占地方！

买了贵的东西却闲置起来，心和钱包只会加倍地疼。所以，下次购物前不妨先仔细想想：我把这个东西买回家，它以后会不会闲置起来呢？如果答案是肯定的，那么还不如不买。

总之一句话：购物，一定要物尽其用。

# 会赚钱的人，都有过人之处

## 01

小 A 是手工爱好者，她做的木镯、木簪都非常漂亮，她做这些纯属爱好，做的多了，偶尔也在朋友圈里发发照片，卖上两支。对于赚钱，她不贪心，认为爱好能带来收入，总归是让人开心的。

前段时间小 A 做了个木簪，正好有个朋友去她家玩儿，一眼就相中了，问能否售与自己。小 A 本来想看在朋友的面子上只收成本价，朋友却说是一个客户托她买的，该收多少钱就收多少钱，无须客气。于是她就按正常价格收了 160 元。

也是凑巧，后来小 A 在跟老公参加业内的一个活动时，竟发现在座的一位女士头上的簪子正是朋友从自己手里买走的那支。鬼使神差地，小 A 就问了那位女士头上的簪子是在哪儿买的，花了多少钱。对方回答："你说这个啊，这是从我朋友那儿买的，纯手工制作，她特意请高僧开过光后才寄给的我，一共花了 680 元。"

小 A 没想到，自己辛辛苦苦做的簪子，朋友只是拿去开了个光，一倒手就赚了 500 多块钱，竟然比自己多赚了好几倍！

小 A 的心里百感交集。

但是仔细想想，朋友一开始就坦诚地说了，簪子是帮客户拿的，也说过不用让价，人家光明正大地从自己手里买走簪子，这没什么可置喙的，至于后来她通过什么样的方式为簪子增长身价，最后又赚到了多少钱，那都是她自己的本事，小 A 是无权过问的。

为什么同一个学校毕业 / 同一期进公司 / 大家年纪都差不多，他却比我挣得多？相信很多人都存在这样的困惑，甚至心里难免会产生不平衡感。

如果你也有过这样的感受，那就先听我讲几个小故事吧！

## 02

我一个同学现在在一家家具公司担任高管，她在那家公司工作六七年了，算是和公司一起成长起来的。初入职时她只是一名基层销售人员，可现在她已经是区域总代理了，当然，收入也不菲。

她工作特别努力，好像随时随地都在工作，有时候都深夜十一二点了，她还在公司群里和同事聊工作。每天晚上临睡前，她还会抽时间了解行业内的相关动态。大家都知道出差辛苦，可她却无论新疆还是海南，只要领导发话，从不犹豫，总是说走就走。

"她真的为工作付出了特别多"，好多熟人都是这么评价的。我也很羡慕她的高收入和饱满的工作状态，可要真让我像她一样为工作付出这么多时间和精力，我是根本做不到的。

记得我之前上班时，下班后完全不想考虑工作上的事儿，偶尔下班时还剩一点活儿没做完，也会留到第二天去了公司再做。总之，我不希望因为工作影响我的生活质量。

那么你呢？你愿意为你的工作付出多少？

## 03

我以前的一个学生在一家房产中介公司上班。他告诉我，他现在是独立经纪人，他师父是销售冠军，一个月能拿20多万佣金。

听上去很让人眼红是不？别光看贼吃肉，不见贼挨打。

他给我讲了他师父，也就是销售冠军是如何维系客户的事。

有个客户从师父手里买过一套房，他就一直把客户当亲人对待。那个客户爱吃鱼，师父就从老家带来新鲜的活鱼送给他，甚至连客户家里吃的一些米都是他千里迢迢从老家带过来的。好多客户，师父一维系就是两三年，逢年过节都会给他们发微信或打电话祝福。他为所有成交过的客户建立了专门的档案，每逢客户过生日，如果离得近，他就给人家送礼物、买蛋糕。为了签一份合同，他还曾特地跑去浙江找业主。

师父下的功夫可远不止这些，为了跟客户有共同话题，他每个月都看两三本不同类型的书，晚上还经常看各种各样的新闻或节目。

到现在，那位销售冠军已经顺利成为店长。这期间，公司不断有人入职，也不断有人离职，有的人觉得不适应，有的人嫌赚不到钱，还有的人被家里催着回家结婚。

我那个学生告诉我，他觉得最难熬的时期是自己 2014 年刚入行时，那时他整整三个月都没能谈成一笔单子，每个月只能拿 2200 块钱的底薪，如果没能带足够多的客户看房，还要交罚款。在北京，这点儿收入意味着只能喝西北风。他刚毕业时曾给自己定了一个五年职业规划，想看看自己坚持五年能做成什么样了，实在不合适再换工作，可面对残酷的现实，他动摇了。就在这时，师父告诉他："只要你努力去做，并坚持做三年以上，你的收入基本就能在老家或在北京周边买房。相信自己，再坚持坚持。"

但是，能坚持三年的人真的寥寥无几。尤其当你三个月没单子，收入只有2000多块钱底薪的时候，你能坚持多久？

"我最终能坚持下来并越做越好，靠的全是师父灌输给我的那股劲儿。"我的学生如是说。

## 04

我以前做过一个美容公众号的编辑，一家连锁美容院的主管给我讲了这样一个故事：

他们公司一个总拿业绩冠军的姑娘，有一次偶然发现一个客户鞋垫上有个洞，姑娘给客户做完护理，趁客户休息的时候，跑出去买了一双鞋垫偷偷给客户换上了。当客人穿鞋发现新鞋垫时，非常感动，大力称赞那个姑娘服务好、太贴心。

说实话，如果你是一个服务生，看到客户的鞋垫上有洞，你会特地跑出去自掏腰包给他买一双新鞋垫换上吗？相信很多人都不会做到这个地步。

我还认识个卖水果的小老板。其实他有固定的工作，只是闲暇时会在朋友圈里卖水果。他是个聪明人，会吆喝，守诚信，生意一直不错。兼职收入甚至比工作收入还高。

不耽误上班，做副业还能做得风生水起，能做到的人也不多吧？

## 05

很多人都会感慨：钱太难挣了。但总有人能挣到钱，而且比你挣的多得多。

讲这几个不同类型的小故事，只是想说，能挣到钱的人，都有一定的过人之处。

你看，人家要么有一定的人脉，要么永远把工作放在第一位，要么情商高有眼力见儿，要么有坚定的信念，再要么呢，人勤快一点儿也成，或者干脆脸皮厚一些，反正总得占一样。

总之，你想挣一个亿，却又懒又馋又滑头，那么就只能继续做白日梦了。

# 会花钱，钱才更有价值

## 01

读过蔡澜先生的一篇文章，内容是讨论给你两个亿，两周内花完，你会怎么花？

蔡先生说好多人其实不会花钱，两个亿，完全不知道要怎么花，还有人发愁一辈子都花不完。蔡先生说，如果给他两个亿，他会买一座海上小岛，包一架飞机，把好友接过去一起狂欢。

蔡先生是享乐派，会玩儿，也玩得起。

如果这笔钱给我，我的想法会是，这辈子都可以靠吃利息生活了。

玩笑归玩笑，不得不承认，怎么花钱，花在什么地方，真的能映射出一个人的价值观。

说到这里，我猛地记起几年前话剧《宝岛一村》来西安巡演的事，我其实特别想去看，但当我知道巡演的消息的时候，相对便宜的门票已经卖完了，当时能买到的最便宜的票也要480块钱，我有点儿舍不得，于是就没去看。

后来我得知，我那个很会花钱，也很舍得花钱的朋友王大美竟然花了850块钱看了这场话剧。当时我都震惊了，我再喜欢也不会为了一部话剧"烧"这么多的银子，我觉得不值。

但是王大美说，首先，机会难得，这是《宝岛一村》第一次来西安巡演，以后再来指不定什么时候了呢；第二，这部剧真的太好看了，她很后悔没有买VIP票，因为离得再近点儿看肯定会更爽。

事实上王大美是正确的，后来，《宝岛一村》一直没再来西安巡演。有些事错过了就是真的错过了。

前不久，我有幸近距离看了一场话剧。那是因为工作关系，我去看舞剧《传丝公主》的彩排。我第一次离演员那么近，演员大多很年轻，女孩儿美，男孩儿帅，要身材有身材，要脸蛋有脸蛋。当他们伴着悠扬的音乐翩翩起舞时，我都震惊了：怎么可以这么美呢？怎么形容那种感觉呢，除了美，还有享受，简直可以用震撼来形容，我想这就是艺术的力量。

那一刻，我猛地记起王大美花850块钱看《宝岛一村》这件事，我想，对于喜欢话剧的王大美来说，它绝对超值。

　　而我，到现在都一直没有机会看这部话剧，就是因为我当时舍不得那480块钱的门票钱。由此可见，不会花钱，真的会让你的生活质量大打折扣，甚至会留下永久的遗憾。

　　一个读者讲了她父亲的故事，早些年，为了供他们姐弟读书，父亲去国外打工。为了省下机票钱，父亲好几年没有回国。后来奶奶身体不好，父亲是孝子，打算坐飞机回来看望奶奶。可买机票时，却发现几天后的机票更便宜，于是他就定了晚几天的机票，结果就在父亲到家的前一晚，奶奶永远地闭上了眼睛，这成了父亲一生最大的遗憾。

## 02

　　一说到花钱，年轻人和老年人之间总会产生分歧，父母一代经常会觉得我们乱花钱。父母那一代，因为过得相对比较穷，都喜欢"攒钱"，有钱也舍不得花，也不会花。

　　我偶尔提议带父母去外边吃饭，他们会说："外边多贵啊，花同样的钱，咱们在家可以吃好多顿。"

　　他们不会细想，在外边吃饭虽然贵是贵了点儿，但完全不用费心地洗菜洗碗，更不用烟熏火燎地在厨房受罪。偶尔奢侈一下，省力省心，何乐而不为？

　　会挣钱不见得会改善你的生活，但是会花钱，却会让你活得舒坦很多。

挣钱的目的是什么？解决温饱之后，是不是也要考虑一下改善生活，甚至追求一下精神享受呢？

我最近越来越觉得，钱一定要"浪费"在美好的事情上。比如与家人团聚，听一场音乐会，看一场话剧，去看美丽的风景，享受美食……

我一个朋友为了减肥曾花了两万块钱办了一张健身卡。

当时我觉得这丫头真是太舍得花钱了，想减肥，在小区里跑步就可以减啊，节食也可以减啊。

她却回答，健身房有各种健身课程——单车课、瑜伽课、拉丁舞课、减脂操课等，不但有专业的老师教你，还有一起学习的小伙伴，氛围超级好。而且，健身房各种器械应有尽有，练胳膊、练腿、练腹部，等等，只要你愿意，各种器材可以敞开了用。健身房的健身课程、健身器材和健身教练，能为你提供专业的健身知识，教给你正确的健身方法，可以让你少走很多弯路。

她还说，她有个同事就是通过节食来减肥的，虽然瘦是瘦下来了，可身体却出了问题，隔三岔五就得去医院。"有了这样的前车之鉴，我就更倾向于向教练请教，以进行科学的健身减肥了，这比我自己乱来要好得多。"

坚持在健身房练了一年，她果然瘦下来了，不但瘦了，体质也增强了，可以说是物超所值。

的确，把钱花在变美和变健康上，是很值得的。

## 03

曾经看过关于穷人和富人到底差在哪里的讨论。有人说，主要体现在花钱的方式上，穷人经常把省钱当成第一要义，有钱人想的则是如何用钱提升自己，如何用钱买服务，如何提高生活品质。

最近我就迷上了知识付费，成了一个读书会的会员，那个读书会每周讲解一本新书，即使不看原著，也可以让你抓住一本书的精髓。这对很多无暇或没耐心精读一本书的人来说，无疑是个开阔眼界的好方法。

我还花了 100 多块钱，办了某平台电子书的包月套餐。包月套餐的宣传口号是"随意看"，也就是说在会员期内，我想看多少书就能看多少书，毫不受限。

一个朋友知道后说："哎呀，你可真有闲钱，网上有那么多免费的书，干吗花那个冤枉钱。"另一个朋友则说："虽然他们说愿意看多少书就看多少书，但以普通人的速度，一周能看一本书就不错了，以一个月的会员费算下来，其实并不便宜。"

除了"你可真有闲钱"那句话，这两位朋友说的都没错。的确，网上有大量免费的电子书，对普通人来说，一周看一本已经算很不错了。这些我都知道，但我还是办了。第一，这个平台有很多电子书，种类非常齐全；第二，网上免费的电子书有是有，可你需要花时间去找，有的会找不到，有的虽然找到了，却有很多错别字，非常影响阅读时的心情；第三，付费后可以督促自己多看几本书（因为不看会觉得太亏了）；第四，也是很重要的一点，我觉得花钱买正版书是对作者劳动的尊重，也是对知识的尊重。

在我看来，为知识付费，除了可以提升自己，还可以避免不必要的时间浪费，这是非常值得的。

我有个朋友经常因为辅导孩子做作业头痛，用她自己的话说："不辅导母慈子孝，一辅导鸡飞狗跳。"

直到后来她把孩子送到辅导机构，孩子不但作业质量提高了，她也再不用为此烦恼了。虽然一个月多花了几百块钱，可却换来了她们家和谐的亲子关系。

我的一个同学，她和她先生都很忙，两个人经常为了谁做家务而吵架。后来，她先生买回来一台扫地机器人，安上了一台洗碗机，从此家里太平了很多。

学会花钱吧，这不是让你大手大脚、入不敷出，而是在经济能力允许的条件下，适当地让自己活得舒服些。花钱学习知识，花钱让自己变健康、变美，花钱享受和谐的亲子关系，在我看来，都是一本万利的投资。

学会花钱，你的钱才更有价值。

# 经济要脱贫，精神更要"脱贫"

## 01

一个朋友跟我说，有一次她在海河边散步，觉得夜景怡人，就随手拍了张照片，然后发了个朋友圈。照片下不少人纷纷评论景色优美，唯独有个不常联系的老同学酸溜溜地评论道：有钱真好，可以看这么漂亮的夜景。

她看着那个阴阳怪气的评论，一时间觉得很不舒服。其实，自己并不是很有钱，再说了，夜景谁都可以看，从来没听过有"收费"一说，真不知道那个老同学是如何得出的自己很有钱的结论。她随手翻了下那个老同学的朋友圈，发现他转发的文章大多在强调有钱人的生活是多么美好、多么舒畅，什么"何以解忧，唯有暴富""钱能治百病"等，此类文章比比皆是。

其实，她很想告诉那位老同学，爱钱没有错，追求高品质生活也没错，但我们却不能用钱去衡量生活中的一切。

对此我深表赞同。

# 02

说说生活中的那些幸福时光吧。

我爱花，我总是能在第一时间发现身边有什么花开了。春日的迎春、玉兰、樱花；夏日的蔷薇、石榴、金鸡菊；秋日的桂花、木槿花、菊花；冬日的蜡梅、水仙、山茶，我一样都不会错过。

兴致盎然的时候，我会给孩子们做一顿美美的早餐。看着小朋友吃着我煎的章鱼小火腿，一脸满足地说"妈妈，这个真好吃"时，我心里会乐开了花。

晚上的时候，我最喜欢和家人去家门口的湿地公园散步。凉风习习，蛙鸣入耳，一家人闲庭漫步，一边走路，一边聊天，那一刻我会觉得很满足、很满足。

偶尔，单单是看到蓝天白云，听到鸟鸣虫语，也会觉得心情大好。

这些我一直很享受、很珍惜的事情，几乎都不需要花多少钱，甚至来自生活免费的馈赠。

是的，作为普通人中的一员，我们拿着每月几千块钱的工资，每天都要在吃、穿、用上衡量算计……经济上的压力可能会在很大程度上限制我们的种种选择，可我们依然拥有生活中的很多小确幸啊。

# 03

闺密说，某次送完孩子去上美术课，她决定一个人在附近随便溜达溜达。

那天天空中飘着绵绵秋雨，虽然有点儿凉意，心情却很美丽。她特别喜欢逛文具店，刚巧附近有一个，她便不由自主地走了进去。

首先吸引她的是一排漂亮的本子，她一一拿起，仔细端详，最后选了一个蓝底小碎花的布艺封皮。对于好看的本子，她见了就走不动路，总是忍不住想买。此外，她还买了一个会发光的小电灯泡，一排红唇型的发卡。

逛了一圈一共才花了20来块钱，可从店里出来，心情却美丽得无法言喻。估摸着小家伙儿要下课了，她便一路哼着轻快的歌去接他。

你看，有时候快乐并不需要花多少钱，它主要取决于你是否喜欢。

一个读者说，每天晚上孩子入睡后，跟老公一起小酌、聊天，会觉得很快乐。

一个朋友说，早晨六点钟跑完六公里，当自己站在小区楼下做拉伸动作的时候，会感觉通体舒畅、精神大好。

一个邻居说，早上买菜回来，听到小区的鸟儿欢快地唱歌，自己会觉得心情美美的。

一个老同学说，因为工作出色，多拿了几百块钱的奖金，心里美滋滋的。

一个前同事说，父母健在，老公体贴，孩子茁壮成长，做着自己喜欢的工作，虽然没有大富大贵，可自己却非常满足。

难怪村上春树说："没有小确幸的人生，不过是干巴巴的沙漠罢了。"所以，我们要善于在这片沙漠中寻找美丽的风景。很多时候，我们缺少的不是快乐，而是擅于感受快乐的心。快乐其实是件很简单的事情，生活中的很多快乐并不是有钱人的专属。

## 04

现在这个社会，有些人信奉"金钱至上"，总喜欢把自己不快乐的根源归结为"没钱"。殊不知，没钱也可以每天过得开开心心的，而有钱人亦有自己的不快乐。有不少人一遇到问题只会感慨"如果我有很多钱就好了"，然而，有钱人也会有很多烦恼，并不是所有的烦恼都可以用钱解决。

我一个朋友是做生意的，年收入百万以上。可是因为长期忙于生意，他和孩子的关系出了问题。现在，孩子只和妈妈亲近，完全不把他这个爸爸放在眼里，再加上他不是很善于和孩子互动，动不动就训斥孩子，孩子更烦他了，前几天竟然说出了"这个家如果没有爸爸就更完美了"这种话……

朋友为了家庭，为了孩子，每天努力打拼，可孩子却完全抗拒他的存在，这真的很让他痛心。

如果钱能解决坠入冰点的亲子关系，估计我那个朋友也不会因此而发愁了。

所以，千万不要把金钱和快乐轻易地等同起来。有很多钱，并不是百事无忧，没那么多钱，照样可以开开心心的。有钱人的快乐我可能想象不出来，但是普通人的快乐，我却可以列出无数条。

话又说回来，我们这些常常自称为"穷人"的人，其实大多数是比上不足，比下有余的吧？毕竟，特别有钱的人和特别穷的人都是少数，像我们这种经济水平中等的人，才占大多数。如果把自己的快乐单纯地建立在金钱之上，那快乐就太单薄了。

总之一句话，作为普罗大众的我们，在经济上追求脱贫的同时，精神上更要注重"脱贫"。日子嘛，无论如何都要过下去，如果不善于给自己找点儿乐子，那生活还有什么意思？

# 第三章

○

爱得恰到好处，幸福才会无懈可击

## 对孩子的爱，要有度

## 01

如果你问一个妈妈："你对你的孩子好吗？"相信每个母亲都会点头。

为人父母者，孩子就是他们的心头肉，对孩子好无可指摘，可遗憾的是，很多人常常把握不好这个"度"。

一个读者说，她婆婆对她老公就特别好，好到刷新了她的三观，比如，婆婆会帮儿子洗内裤。读者表示，婆婆人不错，对她这个儿媳也挺好的，可是在她看来，60多岁的妈妈给30多岁的儿子洗内裤，实在让人无法接受。毕竟，很多七八岁的小朋友已经会自己洗内裤、洗袜子了。她本人既不能接受给别人洗内裤，也不能接受别人给自己洗内裤，因为她感觉这涉及隐私。

她好几次和婆婆交流："他又不是不会洗，你为什么要帮他洗呢？"婆婆却说："随手就洗了，又不是什么大事，这不正好帮他省事了嘛。"

除了帮儿子洗内裤，婆婆还会时不时地嘱咐儿子多吃胡萝卜、多喝水、少喝冷饮……细致入微，如同关照三岁的小朋友。

事实上，这位读者的老公偏偏特别反感妈妈这种无微不至的关怀，这就直接导致妈妈让他做什么，他偏偏不肯做，于是母子两个总是吵嘴。

读者认为，之所以会这样，是因为婆婆对儿子太好了，如果她抑制一下蓬勃的母爱，两个人的关系也不至于这么糟糕。

我们小区也有这样一位阿姨，阿姨已经70多岁了。一天，我看到这位阿姨拎着一提啤酒在爬楼梯，阿姨个子矮小，拎着一提啤酒特别吃力。

我跟阿姨打招呼，阿姨说，儿子爱喝啤酒，夏天每天至少要喝一瓶。

所以这啤酒是给40多岁的儿子买的咯？我心里不禁暗暗地想："他儿子是自己走不了路还是不认识超市？这么热的天，这么大的岁数，还特意跑去超市拎那么重的啤酒回家，老人家身体吃得消吗？"

生活中，对孩子好过头的父母太多太多，哪怕儿女早已到了该心疼父母、照顾父母的年纪，他们依然像对小婴儿一样细致入微地照顾儿女，恨不能把心都掏出来。然而，你给得越多，孩子拿得也就越理所当然，甚至可能根本体会不到你的良苦用心，这样的结果，只会培养出不懂得体谅的巨婴。

## 02

对孩子好，是妈妈的天性，妈妈为了孩子，真的是掏心掏肺，牺牲所有都在所不惜。

可是太爱孩子，对孩子的牵挂心太重，甚至把孩子当成自己唯一的寄托，其实是件很危险的事情。付出越多，期望就越高，往往还会出现强烈的"控制欲"，想让孩子乖乖听话——因为，我们都是为了他们"好"嘛。

一个女孩儿说自己的男友是个"妈宝男"：男友 31 岁了，回家还有门禁时间，晚上 10 点半前必须要到家，除非有极其特殊的情况，才可以延长到 11 点。

除了严格的门禁管理，男友家还立有很多规矩。比如，妈妈经常给他发微信、打电话，问他在干吗，让他晚上别玩太晚，要早点儿回家；不允许男友把车开上高速公路，只能在市区里开；不允许他自驾游，只能乘坐公共交通工具；工资卡由父母保管，男友每月只留下收入的零头作为生活费……

所有的"妈宝男"背后，都有一个控制欲极强的母亲。在母亲心中，无论儿子长到多大，都是个事事需要自己操心的"宝宝"。如果"宝宝"习以为常，愿意听命于母亲，家中就会风平浪静，只是"宝宝"的女友或者妻子会过得非常痛苦。

不过，现实生活中，很少有孩子会一直服从父母的"权威"甚至"高压"，他们迟早有一天会举起革命的大旗，向父母宣战。

这时候父母怎么办？他们用尽心血、捧在手里怕摔了含在嘴里怕化了的"宝宝"竟然要闹独立……

有的父母经过心理建设，可能会慢慢接受孩子迟早要独立的事实，可有的却不甘心缴械投降。我就听说过好几个妈妈面对孩子的"独立"寻死觅活的事例，还有一位甚至割腕自杀……父母和孩子之间，反而成了孽缘，相信这是谁都不想要的亲子关系。

这样的故事，真是让人不禁长叹。

相反，聪明的父母，一早就会做好思想准备，想好了要从儿女的生活中得体地退出。

## 03

记得有一次我和老秦、宋律师、哈里三位爸爸一块儿带孩子出去玩儿。我不时地问儿子要不要喝水，要不要吃水果，而宋律师和哈里虽然也带了水和吃的，但是基本不会问孩子。

我有点儿得意于自己的"细心周到"，还批评他们应当提醒孩子喝水。宋律师反驳道："他们都这么大了，渴了难道不知道自己要水喝吗？倒是你不停地提醒孩子让我很费解，你是想展示你这个妈妈很称职、很爱孩子吗？"

宋律师的一句话倒把我问得怔住了。是啊，孩子都这么大了，饿了、渴了应该自己说出来才是，我在一旁像个保姆似的不断地问孩子，是不是关心过度了呢？事实上我也发现了，我虽然不断地提醒孩子喝水，可如果他不渴，便只喝一口就跑开了，而当他真正渴了时，他会主动过来喝很多很多。

如此看来，我不断地提醒孩子喝水，问他要不要吃东西，其实无意中也犯了过分关心的错误。

为什么相对于父亲，母亲在孩子的成长问题上更焦虑、更无助呢？因为付出了太多，所以难免心重。

很多时候，我们把孩子当成什么也不懂的稚子，事事替他们考虑得周全。其实这种过分的关爱，恰恰是我们担心对方不再需要我们，是我们自身缺乏安全感的表现。孩子需要脱离大人的庇护才能发展出独立的人格，而我们大人也需要适时克制自己的付出，稚子才能成长为一个精神独立的大人呀。

有位作家曾写过这样一句话："所谓父女母子一场，只不过意味着，你和他的缘分就是今生今世不断地在目送他的背影渐行渐远。你站立在小路的这一端，看着他逐渐消失在小路转弯的地方，而且，他用背影默默告诉你：不必追。"

作为父母，即使再不舍，我们也要明白，孩子终究会有自己的生活，他的人生终究还是要他自己过。

# 比富养孩子更重要的，是富养妈妈

## 01

微信群里一个妈妈说，去超市买水果，看着品相很一般的苹果，一问价，竟然 11 块钱一斤。

咸阳是苹果盛产地，我在咸阳生活了近十年，印象中苹果还是第一次这么贵，往年一般三五块钱一斤。

另一个妈妈接话："那就不买了呗，苹果而已嘛。""孩子要吃啊，难不成我告诉她'今年苹果很贵，咱们就不吃了'？"这个妈妈又补充道："我舍不得吃，买回来给娃儿吃。"另一个妈妈反驳："要是我，我就不买，苹果又不是必需品，贵了就少吃点儿呗，反正我是不会给孩子开小灶儿的。我们吃啥他吃啥。"

不知道大家有没有发现，但凡跟小朋友沾边的东西，都跟镶了金边似的，格外贵。

婴儿挂面，小小一把就要二十多块钱，比它量多数倍，可以供成年人吃很多顿的普通挂面才几块钱；儿童牛奶，号称加了各种钙、铁、锌，比普通牛奶贵一倍；婴儿专用香皂，也比普通香皂贵很多。前段时间朋友圈还流行过一种海苔，号称"无油、无盐、无添加"，我也跟风买了一桶，58块钱60克，算下来一片薄薄的海苔要一块钱……

很多妈妈知道小朋友专用的东西贵，可即使肉疼依然会买买买。然而，一旦回到自己这里，画风就变了。一个妈妈曾经给我看过她的"双十一"购物清单，大多是买给孩子的、老公的，自己的东西极少。总之，给孩子买东西时我们兜里仿佛时刻揣着一个亿，给自己花钱时却又跟个乞丐似的。

有次我想买点儿陈皮普洱茶喝，到了茶叶店，老板给我泡了两种，一种6块钱一颗，一种2块钱一颗。

人不识货钱识货，我发现6块钱的明显比2块钱的好喝。

老板当时很期待地看着我，希望我买6块钱一颗的，可我最终还是买了2块钱一颗的。当时我就想，如果是给孩子喝，我可能就买6块钱一颗的了。

为什么给孩子买的时候很大方，换成给我自己买就消费降级了呢？

突然觉得自己有点儿惨，这样真的正常吗？像我这样的妈妈并不在少数，给孩子花钱特大方，给自己花钱特小气。

## 02

我曾问几个妈妈，如果手头只有300块钱，你想要买口红，孩子想要买玩具，你会怎么做呢？

问了10个妈妈，只有2个表示会买口红，其他8个全部选择了给孩子买玩具。大多数妈妈会选择委屈自己，可见妈妈们颇具奉献和牺牲精神是一种普遍现象。

一个朋友说，如果她特别想要口红，那就绝不会委屈自己，因为那样会导致自己很不开心。她从不主张把最好的东西全部给孩子，更不会给孩子"开小灶儿"。

有人曾经问她要不要买儿童专用洗衣机，她的回答是，自己家没那么讲究，孩子的衣服也可以用大洗衣机洗，只是简单分个类而已。在她家，无论多贵的水果都是大家一起吃，挂面也是买普通的，牛奶也买成人的，人人平等，孩子在物质上并没有多少特权。

朋友是这样说的："都说情绪稳定的妈妈带出的小孩儿最聪明、最可爱，妈妈怎么情绪稳定呢？当然是吃慕斯蛋糕、拍写真、买口红、做美容、换新裙子……只要能让你觉得心情舒畅的，都是好方法。"

大人拼命委屈自己，费劲巴拉地把心、肝、肺全都掏出来给孩子，这种价值观其实是扭曲的。家里其他人都舍不得吃的东西，却让一个孩子全部吃下去，你让一个懂得感恩的孩子如何自处？

所有好东西都紧着孩子，凡事将孩子放在第一位，举全家之力，养个金贵孩子，不如举全家之力好好陪伴孩子，和孩子一起成长。

最关键的是，我们根本没必要那样委屈自己，妈妈心情愉快，活得不委屈，才能带出更健康的孩子——无论是身体上，还是精神上。

## 03

妈妈们除了物质上不能过于委屈自己，也要在精神上富养自己。

培养一个爱好，或插花、或画画、或写字、或跑步……总之，精神不能荒芜。当你有了一个爱好，并不断向着爱好前进，你就等于长出了一对翅膀。

一个妈妈和我诉苦，从孩子出生，直到孩子一岁半的时候，她每天都围着孩子转，没去过电影院，没看过一本书，也没有出去跑过一次步。

我听后虽然觉得她值得同情，可仔细想想，这里边也有她自己的原因。

有娃儿后一年没去电影院，这不是什么值得骄傲的事情啊，让老公看会儿娃儿，独自一个人或约闺密去看部电影，可不可以呢？

周末的早上，让老公照顾孩子，自己去附近公园跑个步，行不行呢？

当然，我们自己也要对自己有所要求，不要天天刷微博、看八卦，也该拿出一些时间读读小说，听听音乐，滋养一下灵魂。

强调一万次，让老公多带娃儿、多做家务，我们就有时间富养自己了，就可以变成仙女了。

## 04

我一个朋友就是富养自己的代表。

生小孩儿后，因为没人帮忙带娃儿，她便做了全职妈妈，虽然很辛苦，但是她从来不会委屈自己，她不想在带小孩儿这件事上演苦情戏。

她没有收入，老公工资全部上交，她对老公说："我现在没有工作，不得不带小孩儿，但我不想让自己变成除了带孩子外什么都不懂的黄脸婆，我希望偶尔可以和朋友逛个街、见个面，所以你要做好周末看娃儿的准备，让我也放个风。"

她老公说没问题。从此她老公只要不上班，就是带娃儿主力，让她可以有时间做自己的事情，比方看看书、和朋友喝喝茶或逛逛街。花钱上也是如此，她老公宁可委屈自己，也绝不会委屈她和孩子。这样活着的妈妈，心情能不好吗，情绪能不稳定吗？

这不是教你变自私，而是教给你最基本的调节情绪的方法。当你一味地委屈自己，甚至不惜超出自己的能力范围也要把最好的、最贵的全给孩子时，那养的不是孩子，是大爷，而你自己也不再是一个妈妈，而是保姆。

所以，千万不要只想着如何富养孩子，是时候想想如何富养自己了。

# 拼命折腾孩子，不如多多关注自己

## 01

看到一则消息，一个妈妈在陪孩子写作业的过程中，突然出现言语无能、写字笨拙等现象，就医后被诊断为"脑梗死"。

据说，这位妈妈的孩子学业比较重，几乎每天晚上都要写作业写到十点以后才能结束。当天已经晚上十点半了，孩子的作业不仅没有写完，还在那里磨磨蹭蹭，妈妈看了十分急躁，情绪也跟着激动起来，岂料突然就出现了口眼歪斜、握笔困难等症状……

此消息一出，一众需要陪写作业的老母亲纷纷表示扎心：前有老父亲因陪写作业而去做心脏支架，后有老母亲突发脑梗死，这一代的父母们，为了陪娃儿写作业，真可谓前仆后继啊。

看了这则消息，我果断决定去医院做个全面体检，毕竟孩子才刚上一年级，前路漫漫，身体一定要健康才能熬下去；朋友则说，她已经和娃儿他爸商量过了，两个人轮流陪写作业，一个周一、周三、周五陪，一个周二、周四、周六陪，真真叫患难夫妻……

还曾看过一则新闻，一位妈妈辅导作业时与孩子发生冲突，一气之下选择跳河，消防员营救她时，这位妈妈哭诉："别救我，我太累了。"

总而言之，就是一句话，陪写作业是这届父母们最艰难的事业之一。愿意陪孩子写作业的人，必是亲爹亲妈无疑了。

不过话说回来，新闻中这位妈妈生生被气得得了脑梗死，这个"锅"真的应该由"陪写作业"这件事来背吗？

## 02

前几天，发小和我吐槽她家阳公子的成绩。阳公子数学考了 98 分，原本她觉得孩子考得还行，可一看试卷里错的两道题她不平静了，因为那两道题都挺简单，一道题是 7.2 除以 0.9，阳公子的得数是 6，还有一道题是 1.21 除以 11，阳公子的答案写的 1.1。

在发小看来，这原本是一张可以得满分的试卷，可就因为马虎，白白丢了两分，实在太不应该了。

她问阳公子："只差两分就考满分了，你觉得可惜吗？"

阳公子回答："不可惜啊，我觉得我考得挺不错的啊。"

发小又问："你难道不想考满分吗？"

阳公子回答："不想啊，我干吗一定要考满分？"

发小说，儿子这种无所谓的态度，她气得差点儿一口老血喷出来。

……

不过在我看来，发小明显对阳公子要求太高了，人家都考98分了，你还不满意，非让人家考满分——就不能允许失误的存在了？这简直是在自寻烦恼嘛。

当我们捶胸顿足地表示快被小朋友虐得喘不过气来时，大家有没有想过，小朋友是怎么看待我们陪写作业这件事的呢？

曾看过一个视频：

主持人问小朋友们："爸爸妈妈辅导你们写作业时是什么情形？"小朋友们的回答要么是"好凶"，要么是"凶狠"，还有的甚至回答"感伤"。

主持人继续问："面对无比暴躁且缺乏耐心的爸爸妈妈，你们是怎么想的？会给爸爸妈妈打多少分？"出乎意料的是，孩子们的态度竟然十分暖心，大多数孩子表示，知道爸爸妈妈是为了自己好，虽然经常被训斥，可依然愿意给爸爸妈妈打满分。

在让孩子们提出自己的期望时，小朋友们大多表示，知道爸爸妈妈也很不容易，只是希望爸爸妈妈不要那么急，多些耐心。

看完视频，作为一个妈妈，我有点儿惭愧，相比于我们对孩子"有条件"的爱，孩子才是真正无条件地爱着我们的啊。

所以，我们做父母的是不是也该适当反思一下自己的态度呢？

孩子学习态度不好的时候，反省一下咱们自己是每天很自律地学习、读书、运动，还是总抱着手机不放？是不是也会偷懒、拖延、畏难？

如果有的话，那么请改变"管孩子基本靠吼"的模式，多些耐心吧。

## 03

大家有没有想过，为什么我们一陪写作业就开始着急上火呢？

在我看来，其中主要有两个原因。

第一，我们对孩子要求太高了。

换个角度想想，如果孩子反过来以同样的高标准要求我们，比如要求我们三年内工资必须翻两番，必须买学区房，家里的车必须换成宝马、奥迪……我相信很多人会怒火中烧："小兔崽子，你说什么呢？"

为什么小朋友要求我们多挣钱、买好车、买大房子，就是过分；我们要求小朋友考满分、考第一，就是合理的呢？

第二，我们一直盯着孩子的作业，大概因为我们可盯的事情太少了。

说得再直白点儿，当我们生活中除了带娃儿没有其他目标时，才会为了孩子的几道题没做对而伤肝伤肺。

武志红老师说，很多家长，结婚后放弃了自己的成长，所以才会拼命地折腾孩子，希望孩子有出息。归根结底，这些家长真正需要关注的其实不应该是孩子，而应该是自己的成长。当你每天成长起来，一天天地变优秀，你的焦虑感就会减少很多，看孩子的角度也会发生变化。

所以，把所有的精力、心思、期待全都放在折腾娃儿这件事上，本身就放错了重点。

我们当然要重视孩子的教育，可是说到底，我们更应当关注的是自己的人生。"鸡娃"不如"鸡自己"，每天问问自己："你读书了吗？锻炼了吗？你是否也很自律，每天在工作和学习上投入多少？"其实只需要把"鸡娃"的劲头拿出二分之一"鸡自己"，你就会发现自己其实有无限潜力，你会发现你还可以变得更好。

　　所以啊，当你再想折腾娃儿的时候，不妨换个角度，多花点儿时间折腾折腾自己：多学习，多读书，跑跑步，挣挣钱。

　　说到底，养娃儿还是需要平常心。

# 面对家暴，要有敢于离开的勇气

## 01

读者阿佳最近遇到一个难题。

离婚两个月后，阿佳在某个午夜收到前夫发来的微信，他求她复婚。阿佳回了个"再见"的表情——复婚？怎么可能？可是前夫接下来说："你不和我复婚，我就去死。"

阿佳离婚，是因为前夫有家暴倾向。

他第一次动手是在酒后，阿佳一直都记得很清楚。他说口渴，阿佳就给他倒了杯水，结果他刚喝一口就大喊："你要烫死我啊！"顺手就把水杯摔到了一旁，水洒了一地。阿佳有点儿不高兴："我好心给你倒杯水，你这是什么态度？"然而，前夫反手就是一个耳光。

阿佳当时都傻了，她不明白自己到底做错了什么，要挨对方一个耳光。她气愤地收拾东西要回娘家，然而没多久，前夫"酒醒了"，他解释自己那是"酒后无德"，求阿佳原谅，还扇了自己一个耳光作为惩戒。

阿佳最终原谅了他。没过多久，阿佳怀孕了，整个孕期都还算太平，阿佳也就真的把那次暴力事件当成了前夫的无心之过。

孩子出生两个月后，前夫再次动手了。这次他把阿佳打得鼻青脸肿，甚至打掉了她一颗牙齿，可事后前夫的认错态度依然良好，不但痛哭流涕，甚至向阿佳下跪保证一定会改。然而，说好会改的人，没多久又继续施暴，而且一次比一次下手重。

阿佳有段时间特别不自信，总担心自己哪里做得不够好，让自己挨了打。直到挨打的次数越来越多，阿佳才发现，不管自己做没做错事都会挨打，自己之所以被打完全是因为对方打人上瘾。

再后来，阿佳绝望了，她偷偷收集了前夫家暴的证据，执意要离婚，经过努力，她总算离开了那个恐怖的男人。

然而，好日子才刚过了两个月，前夫就又纠缠着要复婚。阿佳果断拒绝他后，没想到他竟以死威胁。阿佳有点儿被吓到了，前夫不会真的想不开吧？

家人劝她："别信这种渣男的话，他要真的想不开，黄河没盖、楼顶没栏，谁也没拴着他、绑着他，要去随他去。至于复婚，还是让他彻底死了这条心吧。"

# 02

有家暴倾向的男人不能碰，这是底线，一旦和这样的人结婚，那简直是把自己推进火坑。遗憾的是，很多男人婚前隐藏得很好，婚后才会逐渐暴露自己的阴暗嘴脸。

邻居阿姨曾经给我讲过她同事 L 的故事。

L 长得特别漂亮，23 岁那年结了婚，男方高大帅气，两个人可以说是郎才女貌，非常般配。谁都说是一段好姻缘，岂料男方是个爱动手的主儿。

L 结婚没多久，便经常带着伤痕来上班，还跟人解释是自己不小心摔了、碰了。可是谁都能看出来，那明明就是被人殴打后留下的淤青。

L 和邻居关系好，她偷偷告诉邻居，自己老公控制欲极强，且总是疑神疑鬼，她回家稍微晚一点儿就打她，而且根本不听她的解释。以至于后来 L 一想到下班要回家就害怕，可是又不敢不回或晚回，真是过得痛不欲生。

后来有一天，L 因为单位临时开会，晚回去了半小时，这次她又被打了。男人扯着她的头发往门上撞时，L 觉得自己可能要死了。还好这时家里电话响了，男人松开手去接电话，L

才得以从地上爬起来夺门而逃。

那是一个冬天的深夜，窗外天寒地冻，L脚上只有一只拖鞋，浑身上下只穿着秋衣秋裤。那一刻，L的心比身体还冷，内心深处是无法抚平的绝望。

L再也没回过那个家，她确定一旦回去迟早会被打死。

L离婚了，净身出户，甚至连自己的衣物都没有拿出来。她说衣服丢了可以再买，但是，命丢了就什么都完了。

据L讲，她最开始也想过离婚，但是不敢，因为男人说如果敢提离婚就杀了她。可遭最后一次毒打后，她醒悟了：不离婚早晚有一天会被他折磨死，离婚后如果他敢胡来，那就报警，这样自己或许还有一线生机。

很幸运的是，离婚后L的前夫只是威胁过她几次，慢慢也就不了了之了，并没有采取什么实质性的报复。L说，真后悔没有早点儿离婚，跟前夫共同生活的那几年，真的是地狱般的生活。

## 03

据不完全统计，2016年3月1日至2017年10月31日期间，我国媒体报道的家暴导致死亡的案件有538起之多，占所有确知女性被杀案件的三分之二以上，导致至少635人死亡，平均每天死亡1人以上，这其中包括老人、儿童，甚至还有被殃及的邻居、路人。

家暴，真的是会出人命的。遇到有家暴倾向的男人，果断离开没商量。

为什么家暴会有生存的土壤？

第一，大部分家暴者打完老婆后会道歉，而且是那种痛哭流涕、发誓以后一定痛改前非的道歉。当对方誓言保证接踵而来、甜言蜜语攻心不断时，不少女人会心软，她会觉得眼前这个男人只是如他所说的一时犯了错，实际上他是真的爱自己的，继而重新燃起对男人的幻想。

第二，即便是当代社会，依然有很多人认为夫妻矛盾是家务事。

在农村，很多男人会习惯性地打女人，有时候婆婆和媳妇产生冲突，甚至会有人鼓动男人揍女人一顿。我到现在都记得，在我小时候，村里一个儿媳因为和婆婆吵架，被老公暴打。老公的几个哥哥假装在一旁劝架，实际上脸上无不流露出"打得好"的神情。在他们那类人眼中，男人是一家之主，女人作为男人的附属品根本没有争辩的权利。而被打的女人呢？身体长期遭受威胁，思想亦长期遭受荼毒，她们很容易变得不由自主地畏惧男性的权威，对男人的殴打逐渐习以为常。

总之，不管是男人事后的认错态度，还是旧社会遗留下来的思想陋习，都导致女人在遭受家暴后不能果断离开。

# 04

我曾看过一个短片。

一个女人在咖啡馆认识了一个吹萨克斯的男人。男人看上去很优雅，打起老婆来也很优雅，用萨克斯打：顺手，硬，擦起血来也方便。后来女人忍无可忍，趁男人不备，用萨克斯结果了男人的性命。当然，女人自己也难逃被惩罚的命运。尽管在这场婚姻里，女人才是最苦不堪言的那个。

这样的惨剧，真的很让人痛心。

所以，女人啊，如果你不幸嫁给了有暴力倾向的男人，一定要想办法尽早逃离，无论是偷偷收集证据，还是果断报警，面对家暴，你都要勇敢说不！

## 关于节日礼物，别对伴侣抱有过多幻想

## 01

　　一个姑娘问我，男人婚后是不是就变了。我问她为什么这么说，她回答说，自从结婚以后，她老公就再也没给她送过礼物了。

　　"去年情人节、七夕节，我老公都没有任何表示，等过几天他过生日，我就假装那是个平平无奇的日子，连祝福的话都不会跟他说。如果到了结婚纪念日他仍然没什么'表示'，那他半个月都别想让我再理他。"

　　我说："你这招够狠。"她说："没办法，我喜欢被重视的感觉，并且我很爱记仇。"

　　结婚纪念日过后，她说她收到了一大束玫瑰花。我打趣："一大束玫瑰花，一定特别贵吧？"她说："贵怎么了，我心

情好啊！"

"你们的结婚纪念日，你老公会送你什么呢？"她继续问我。我回答她："送一缕空气。"她先是哈哈大笑，又问我会不会失望。

说实话，我结婚已经有十年了，如果我还因为老公没送我礼物就闷闷不乐，那我在这十年婚姻中岂不是一点儿长进都没有？

起初，我也非常在意老公有没有为我准备节日礼物这件事，因为他如果精心准备了，那我更能感受到他对我的在乎。然而遗憾的是，我遇到的是一个不解风情的老公，所以我只能一次次失望。次数多了，我只能安慰自己，没有希望就没有失望，我从一开始就不该对他心存幻想。

现在的我已经想开了，我不会再因为收到一束玫瑰花而欢喜，也不会再因为收到一缕空气而懊丧，我戏称自己已经修炼到了"不以物喜，不以己悲"的境界。

# 02

一个朋友结婚十几年了，每年老公都会在结婚纪念日送她一束玫瑰花，同时他们还会选个心仪的馆子吃吃饭、聊聊天，回顾一下过去的一年，展望一下新的一年，他们夫妻都很享受以这样的方式度过结婚纪念日。

我曾经也很羡慕他们，但并不是每一对夫妻的想法都如此一致。有些人不是特别重视各种节日和纪念日，他们会觉得麻烦。其实，如果两个人都嫌麻烦，能达成一致也挺好的，怕就怕一个想要浪漫，一个害怕麻烦。桃子和大刘就是这种情况。

桃子是个有情调的人，然而大刘却是桃子口中的"榆木疙瘩"。桃子对任何节日都感兴趣，大刘却从来记不住任何节日，当然也就理所当然地不会准备节日礼物。

起初，桃子总是因为大刘的"健忘""不走心"而生闷气。桃子委屈，大刘也郁闷，大刘是这样解释的："平时工作真的太忙了，除非是在很用心地追一个人，想利用一切节日来表白，否则当我通过新闻或朋友圈意识到当天是情人节时，再去买礼物已经来不及了。"桃子说："你可以抓紧时间去商场买。"大刘反驳："如果那天需要加班，那我哪儿还有时间逛商场？再说，随随便便买一个礼物，万一你不喜欢怎么办？送礼物应该送到对方心坎儿上，否则就是敷衍。"

大刘的话乍一听像是狡辩之词，然而仔细揣摩却觉得也有一番道理，的确，总不能随便一样东西都可以称作"礼物"吧？

有个朋友曾给老婆送了一个"擦玻璃神器"当礼物。结果他老婆勃然大怒："你是在暗示我要勤擦玻璃吗？为什么擦玻璃就该是我的活儿？你觉得我家务活儿做得还不够多是吧？"

朋友原本想讨老婆欢心，结果反而激怒了老婆。其实他只是听说那个"擦玻璃神器"很好用，觉得以后擦玻璃时用它可以省很多事儿，他并没有暗示要让老婆勤擦玻璃的意思，如果真的要怪，那只能怪自己送礼物时没有多想想。

## 03

因为节日没送礼物或者送的礼物不称心而闹别扭的夫妻并不少见。节日或纪念日的存在原本就是为了给我们一个亲近彼此的机会，如果因为礼物的事而增矛盾、生闲气，那还真不如不过这个节。礼物的存在应当是锦上添花，有的话当然很好，没有也不必过分计较，我们不该让礼物高于节日、形式大于内涵，我们更应当注重节日本身才是。

当然，如果你真的特别在意有没有节日礼物这件事，你可以明确地告诉对方自己的想法，而不是强装出一副无所谓的模样。

小米就是这样，她喜欢收礼物，也喜欢在朋友圈晒礼物。以前她老公给她送的礼物总是不能让她满意，钱花出去了，可她并没有打心底里感到快乐，于是后来她想要什么礼物干脆就直接向老公提出来，这样彼此都省事，皆大欢喜。

有人可能会觉得直接开口要礼物特别没意思，然而，当你真的遇到一个"直男"老公时，这个方法就显得再聪明不过了。

至于那种无论你怎么明示、暗示都一毛不拔的老公，也不是没办法。人嘛，总要和自己和解，既然对方没有送礼物的习惯，改变他又那么难，那我们何不想买啥直接自己掏钱买呢？真正聪明的女人会明白，获得一个好心情才是最终目的。我们何苦要在别人的态度中患得患失、暗生闷气甚至失落难过呢？那岂不是太不划算了！

# 你要的安全感，只有自己能给

## 01

好友静讲了一件发生在自己单位的耐人寻味的事儿。

有一次单位组织出差，一共去了六个同事，其中四男两女。到了宾馆，静和女同事被安排住在一个房间，四个男同事则被安排入住了另外两个房间。一切安置妥当后，男同事 A 提议去尝尝当地的美食，静和那位女同事不想去，她们选择在宾馆休息，于是四名男同事就找馆子喝酒去了。

静和女同事聊得很尽兴，一直到晚上十一点多，两人才打着哈欠准备睡觉。静拿出手机，发现竟有四十多个未接来电，因为手机静音，她之前并没听到。

静瞬间懵了，还以为家里出了什么事儿，一看来电显示，才发现这四十多个电话全是同事 A 的老婆打来的。她忙给 A 的老婆回电话，心想人家打了这么多电话，肯定是有急事儿。

结果电话接通，A的老婆却回答并没有什么要紧事儿，她只是联系不上A，想问问静有没有和A在一起。

静忙去隔壁敲男同事的房门，发现他们几个都喝多了，A已经呼呼大睡了，吵吵闹闹中A也没听到自己老婆的多个来电。

于是静如实告诉A的老婆，说A喝多了，已经睡下了，还问需不需要帮忙叫醒他。A的老婆却说："不用了，也没什么事儿，就这样吧，明天再说吧。"然后便挂了电话。静更懵了：就这样？没什么事儿却给我打了四十多个电话？

长这么大，静生平头一次遭遇"电话轰炸"。

静讲完，大家都觉得A的老婆很恐怖：在没什么急事儿的情况下竟然给老公同事一连打四十多个电话，这也太没边界感了……

## 02

A的老婆在"没事儿"的情况下能一口气打那么多电话，甚至连她老公的同事都不能幸免，可见她已经有点儿歇斯底里了。她的一通通电话里，可能带着对老公的不信任，可能带着强烈的不平衡感，可能担心老公出了什么事儿，但更多的一定是失去理智般的怨愤：你出去潇洒就算了，竟然还敢不接我电话，好啊，那我就打给你同事，我就是要让你不得安宁……

A 的老婆这样的人，在感情中极易走极端，不少人对这类人都避之不及，然而，我却很能理解这位能一口气打四十多个电话的女性，因为我也曾做过类似的事情。

记得儿子小时候有一次感冒了，孩儿他爸却坚持要出去和哥们儿喝酒，我不想让他去，可他最终还是以"好久没见"为由去了，一直到半夜十二点也没回来，电话也没打一个。

随着夜越来越深，我的怒气值也噌噌地往上涨：凭什么留我一个人在家照顾生病的孩子，你却跑出去喝酒？还这么晚不回来，你真当自己是甩手掌柜了是吧？

我独自一人琢磨着，越想越气，于是开始给他打电话。没有接通，我不知道是他故意不接还是没有听到电话响，反正不管哪一种可能，我都消不了气，就继续打，一个劲儿地打……我赌气打了很多电话，虽然不至于打了四十多个，可十多个总是有的。

打电话的时候，我感觉我脑子里一股热血直往头顶冲，气得浑身发抖。当时我没有老公哥们儿的电话，如果有，我可能也会打给他哥们儿。

现在想来，那段时间我心态其实是有点儿问题的，归根结底还是在于内心深处的极度不平衡感。而现在的我则渐渐学会了换位思考：老公并没有经常性地出去和朋友聚会，他那几个朋友也的确好久没见了，其中有两个朋友还是从外地赶来的。当时孩子确实在发烧不假，可我一个人其实也照顾得过来。歇斯底里地给他打电话，只能说明当时的我情绪失控，钻了牛角尖。

**03**

在后来的自我反省当中，我逐渐悟出了一些平衡心态的方法，这里分享给大家。

第一，不要把全部心思都放在孩子和老公身上，将老公和孩子当成自己生活的全部，心态就很容易出问题。

结婚后，也要有自己的生活，也要有自我。一个全职妈妈跟我说，她很喜欢做手账，心烦的时候，她安静地做做手账就好多了。对她来说，做手账其实就是利用独处的机会调节身心。

第二，不要把自己搞得太疲惫，多和老公沟通，把自己的需求明确地提出来，吃不消的时候要善于寻求必要的帮助，而不是一个人硬抗。

很多女人特别心疼自己的老公，照顾孩子和做家务全部大包大揽，把自己搞得特别累。还有的女人则是觉得家里的很多事情老公都做不好，让老公帮忙简直是在给自己添乱。实际上，谁也不会天生就是做家务的一把好手，很多家务多做做也就会了，要给他们慢慢熟练的机会。如果老公平时总是能及时地帮自己分担处理家庭琐事，那自己的心态就不会因为长久的积怨而在某个瞬间轻易垮掉。

第三，扩大自己的交际圈，多多提升自己。

勤健身、多培养个人爱好，或者偶尔约朋友聚一聚，慢慢地你会发现，当一个女人的生活中不只是孩子和老公，不只是你们的小家时，心态真的就完全不一样了。

当你开始以积极向上的心态去生活时，你的生活真的会越变越好。

女人，永远要有自己的生活。

# 不尊重女人的男人，请尽早远离

## 01

西西被分手了，男友给的理由是她"太过独立"了：饿了不会撒娇，就知道买东西回家自己煮；迷路了不会卖萌，就知道掏手机自己看地图；看上了什么东西不会说，只会努力挣钱自己买；甚至买一袋米都能自己扛回家……

西西把对方发的分手微信转给我看，我一搜才发现这段话竟然还是红极一时的网络用语。

但是，西西这叫"太过独立"吗？这是一个会照顾自己的成年人非常普通的行为好吗？不论男女，大家都应当这样啊。

饿了不买东西回家自己煮，难道呼叫田螺姑娘？迷路了不掏手机查地图，难道给110打电话让警察叔叔送回家？看上的东西不努力挣钱买，难道让圣诞老人送？抑或等高富帅从天而降冲自己大喊："刷我的卡！"

西西前男友最不能理解的是女生买一袋米自己扛回家。话说，自己不扛回家，难不成等欧巴给扛回家吗？

西西问我："谈恋爱是不是就应该假装柔弱，假装什么都不懂，甚至连瓶盖都让对方拧才对？"我回答她："别傻了，这人八成是个直男癌，在他心中，好像独立自强的姑娘就是第三种生物似的。"独立自强是越来越多女性的追求，不管是已婚还是未婚，她们都倾向于自己的事情自己做，尽量不麻烦别人，如果这种女性算"太过独立"，那么他估计是不懂独立又温柔、既有软肋又有铠甲的好姑娘。

谈恋爱时，男人的价值难道仅仅体现在给女生拧瓶盖、帮女生扛米吗？如果只体现在这些表面的关爱上，爱情的意义也太狭隘了吧？如果男生只有通过这种方式才能找到自己的位置，那么这个男生要么太弱了，要么压根儿不会爱。

如果自己明明可以做，却假装不会，这哪里叫"不独立"？这明明是自缚手脚，假装残疾啊。像西西前男友这种男人，早分早解脱，趁早离他远点儿吧。

## 02

我特别喜欢韩剧《太阳的后裔》中的女一和女二，即姜暮烟和尹中尉，难道她们不独立吗？难道独立的她们不可爱吗？

独立的女性照样撒得了娇，卖得了萌，该示弱示弱，该坚强坚强。

我尤其喜欢姜暮烟，她不但有独立的人格，还拥有强大的内心。

她在医院评不上教授职称感觉很委屈，面对靠关系评上的同事，她毫不犹豫给以有力的痛斥，但表达了不满后，她还是该努力努力，该好好生活好好生活。

让人印象最深的一幕，莫过于她对自己专业的自信与坚持。当阿拉伯元首的手下用枪指着她的鼻子，严厉地问她这个手术能不能做时，她很坚定地回答，必须做，否则这个人就会死。

那一刻，我觉得姜暮烟特别"刚"。可是"刚"和独立，不代表她不可爱，不温柔。

这样的女人，难道不可爱、没人爱吗？柳大尉是怎么爱她的？帮她拧瓶盖了吗？跑她家打蟑螂了吗？他爱她的方法是支持她的工作、理解她的辛苦。危难时刻，他还是她的英雄，帮她挡地雷，和她一起跳水逃命。

有人说，最好的爱情一定是对等的，是势均力敌的，这用来形容姜暮烟和柳大尉的恋情最合适不过。

认为独立的女性不可爱，只能说明这个男生压根儿配不上这样的女生，所以，那些"放毒"说"女生太独立不可爱"的男人，还是老老实实承认自己压根驾驭不了，也配不上人家吧。

## 03

多年前看过一部叫《我们无处安放的青春》的青春剧，女主角周蒙从小在爸爸的宠溺下长大，柔柔弱弱的她，当然无法和"独立"挂钩，后来她交了个男朋友，男友和父亲一样，也是照顾她的角色，她管男友叫"小爸爸"，她以为"小爸爸"会一辈子宠她、疼她，结果"小爸爸"最后却娶了个独立又坚强、可以和他一起走南闯北的姑娘。

后来周蒙经历了父亲去世、被亲哥亲嫂子逐出家门等一系列不幸，最后一个人去山区小学支教，曾经柔弱无依的她，终于也变成了内心强大的女性。

在我眼中，相比曾经不谙世事、完全依赖别人的周蒙，坚强独立的她更可爱，因为这样的周蒙即使遇到再大的挫折，都可以活得很好。

千万别相信"女人独立没人爱"，以"你太过独立"为借口拒绝你的人，要么这是他不爱你的托词，要么是他压根儿配不上你，男人不应该通过女性的柔弱寻找优越感与"自我"。

真正的爱情应当像舒婷女士在《致橡树》里讲的那样：我如果爱你——绝不像攀缘的凌霄花，借你的高枝炫耀自己……我必须是你近旁的一株木棉，作为树的形象和你站在一起……

我们分担寒潮、风雷、霹雳；我们共享雾霭、流岚、虹霓。这是 1977 年舒婷女士的观点：女性要自强，要自立，不攀附，不依附。这么多年过去了，当今社会竟然还有人以矮化女性为正统思想，这种完全不尊重女性的男人，该离开就离开吧，根本没什么好留恋和伤心的。

所以，姑娘，请继续做一个独立、强大的女人，无论精神上还是物质上，帅气地生活下去，希望你既有铠甲，又有软肋，喜欢一个人过就一个人过，想两个人生活就勇敢去爱。如果有人因为你太过独立要离开你，那就让他赶紧走；如果他说因为你太独立而不敢爱你，那就让他回单身群体中继续历练历练，毕竟，他想找的"不独立"的姑娘，会越来越罕见！

# 决定离婚前，你需要想清楚这几件事

## 01

一个读者发现老公出轨了，想要离婚。她希望孩子可以归她，因为她不想让孩子跟着"出轨爸爸"学坏。"就算净身出户，我也一定要争到孩子的抚养权。"她如是说。

孩子当然要尽量争取，但是，"净身出户"这样的想法最好也不要有，出轨的不是你，为什么要傻乎乎地净身出户？

当我知道她已经做了三年全职太太时，我很为她的未来担忧，我建议她先想好未来的出路，然后再考虑离婚。谁知她说："大不了学罗子君，从头再来。"

她不说我差点儿忘了那部曾风靡一时的电视剧《我的前半生》。

《我的前半生》中，罗子君算是离婚后逆袭的典型了。从家庭主妇到职场精英，虽然有段晓天这样的人从中作梗，但罗子君一路走来，真的并不算艰难。因为她有闺密唐晶支撑着，更有男神贺涵护法，他们不但会为她出谋划策，步步指路，关键时刻甚至会从天而降，英雄救美，一次又一次地帮她解围。

刚播完这部电视剧时，很多在婚姻里触礁的女人似乎都看到了丝丝曙光：原来离婚以后，还可以重新做回"职场白骨精"，还可以过得比以往任何时候都好，既然如此，那就趁早和不幸的婚姻一刀两断吧！

我从不主张将不堪的婚姻将就、持续下去。但是我们也该明白，电视剧情节中杜撰的成分还是有的，现实中的女人离婚后，桃花运绝不会如此璀璨，想逆袭也绝非轻而易举。

## 02

同事的表妹离婚了，离婚原因和罗子君一样——老公出轨，法院判决结果为孩子归她，老公一个月给她800块钱的抚养费。

800块，连孩子一个月的学费都不够，更不要说带娃儿生活了。

表妹原先就有工作，可最近却想换份薪水更高的工作，因为独自抚养孩子的经济压力实在太大了。遗憾的是她没有罗子君那么优秀的闺密和贺涵那样的全能男神帮忙，更不会有陈俊生那样的"模范前夫"私底下帮忙寻觅工作，表妹能依靠的只有自己。

《我的前半生》里，孩子生病了，贺涵会开车送孩子去高档的私人医院；罗子君忙的时候，可以把孩子送到前夫家里，公公婆婆不但乐意帮忙带孩子，还巴不得孩子长住不回。可反观表妹这边呢？除了给孩子多报兴趣班之外，别无他法。而所谓的"兴趣班"，并不是因为孩子感兴趣，而是表妹想让孩子在学校多待一会儿，这样她就可以晚点儿去接孩子了，因为幼儿园一般五点左右放学，而她六点之后才能下班，实在赶不及。即便是这样，偶尔单位有紧急工作需要处理，她还是赶不上趟儿，只能拜托小区里一位邻居帮忙照看孩子。

## 03

单亲妈妈既要工作又要带孩子究竟有多难？

首先你需要有一份双休的工作，最好离家近点儿，能朝九晚五更佳，这样你才能及时接送孩子。如果不能满足这些条件，那你就必须有一份薪水很高的工作，因为只有挣很多钱，你才可以给孩子报兴趣班或请保姆，否则就只能麻烦自己的亲人照看孩子了。

遗憾的是，双休、离家近又朝九晚五的工作并不好找，高薪的工作也不是人人都能手到擒来，尤其是离开职场多年后又重新步入职场的全职主妇，很多时候能接纳你的工作只有理货、导购、店员之类技术含量较低、薪水也不理想的工作。

现实生活中，像罗子君这种毕业后只上过一年班，每天主要的活动是逛名品店和美容院，连"角膜"为何物都不知道的全职主妇，重新出去工作，能做什么呢？不好意思，我真心觉得，除非经过一段时间的学习和提升，否则只能处处碰壁。此外，若学罗子君在商场卖鞋，也绝不会如罗子君这般，入职两三个月就能拿到两个销售冠军，老金或贺涵打个招呼，就有机会调到企划部或者宣传部这么简单的，而是需要很长时间的磨砺才有可能晋升。

当然，也有些女性，原本就一直在职场拼杀，甚至已经做到管理层，这类女人本来就可以养活自己甚至有余力养活家人，所以这些问题也就不会那么突出。

我们总喜欢听逆袭的故事，好像有了成功的样本，我们普通人也能咸鱼翻身。事实上，我认识的几位离婚的朋友，她们没有哪一个是过得轻松的。

一个姐姐离婚后和妈妈、女儿一起生活。她条件还算不错，首先工作稳定，其次业余还可以接点儿私活儿，所以不愁生计。可最近前夫和人合伙做生意，周转不开，问她可不可以暂时不给女儿生活费，先欠着。

　　想想吧，能和你商量拖欠生活费的，还算靠谱儿的前夫，而很多前夫，离婚后干脆玩起了失踪。至于生活费？人都联系不上，怎么要呢？还有的人倒是能联系上，可如果他经济也不宽裕，难不成还天天去找他扯皮吗？毕竟，不是每个前夫，都如陈俊生一般，年薪一百五十万。

## 04

　　离婚后，有一个现实问题，那就是要不要再嫁？

　　一个作者写文章说，很多女人离婚后遇到的男人，别说是贺涵这种黄金单身汉了，可能连老金这种优质离异男都不多，猥琐如段晓天的，倒是一抓一大把。

　　此处绝对没有任何歧视离婚女人的意思，我尊重每一个有勇气结束不幸婚姻的女人。遗憾的是，现实生活中，你一旦离婚，很多人真的会戴着有色眼镜看你。

　　罗子君的妈妈，我们亲爱的薛甄珠阿姨，不就折腾了大半辈子，想给罗子君姐妹俩找个好后爸，好减轻两个女儿的负担吗？谁知，好不容易遇到个崔宝剑，换成人家儿子不同意了。

　　离婚本身，就是想要结束不幸的生活，再婚当然也可能比原先过得更好，但是再嫁之前，对于很多普通女性，尤其是孩子还小的单亲妈妈来说，还是要做好思想准备，因为这条路并不轻松。

不，我绝对不是说当婚姻已经破败不堪了，还让大家隐忍。我是想让广大姐妹们明白，现实生活绝非如电视剧中那么理想化，更不会从此一路开挂，轻易过上光鲜亮丽的生活。大多时候，你只能靠你自己，因为有些路，必须一个人走。

如果看清和想清这一切了，你还是毅然要离婚，那么，恭喜你，前路虽然漫漫，但是，做好了准备，总比在幻想中碰个头破血流要好。

# 心胸开阔点儿，婆媳关系自然越来越和谐

## 01

凌晨三点，后台收到读者留言：最近看清了婆婆的为人，感觉很无奈，很难受，今天我跟老公说，下辈子看见我，请绕道走。

我不知道这位读者和她婆婆之间发生了什么事，以至于在凌晨三点不睡觉也要向我倾诉。为了不再遇到婆婆，竟然下辈子连老公也不想遇见，可见怨念有多深。

我想起前几天在孩子美术班的家长群里，一位妈妈抱怨了婆婆几句，谁知立刻引发了大家强烈的共鸣，很多妈妈开启了吐槽模式：有的埋怨婆婆不讲卫生，有的埋怨婆婆管得太宽，还有的说婆婆嫌自己花钱大手大脚，更有人表示，因为一些事情，自己已经和婆婆"老死不相往来"。

要和婆婆"老死不相往来""断绝关系"，类似的话在中年妇女群中非常常见，我有个邻居也曾多次对我这样说过。

邻居和婆婆关系处得不太好，每次见了我都要抱怨一通婆婆哪里不好。其实在我看来，她说的大多是鸡毛蒜皮的小事，是真正的"婆说婆有理，媳说媳有理"的无头公案，我常常听得烦不胜烦，甚至都有点儿怕见到她了。因为当一个人天天和你说她婆婆不好时，这并不能激起你"幸亏我有个好婆婆"的幸福感，而是会让你觉得生活无望，进而负能量满满。

她常说："但凡我有那个条件，我早和她分开了。等孩子上了幼儿园，我就让她走，以后绝不一块儿住。"据她所说，她早受够她婆婆了。可是她和老公都要上班，没人带孩子，又没条件请保姆，所以只能继续"忍受"婆婆。

说真的，如果我是她婆婆，听了这番话我心里肯定会很难过：你需要我的时候，我给你当免费保姆，不需要我的时候，就"绝不一块儿住"，是不是也太让人心寒了？

## 02

婆媳关系是个千古难题，可是这世上，特别坏的婆婆和特别坏的儿媳应当是极少数吧？

但是，很多人却因为婆媳关系，硬生生把日子过得一团糟，新闻上还出现过儿媳因为一些矛盾，用开水泼婆婆的惨案。

如果你仔细研究一些婆婆与儿媳的吐槽，你会发现很多婆媳矛盾，其实都不是什么大是大非的问题，仅仅只是一些因生活习惯和立场的不同而产生的小分歧。比如，一个要给宝宝穿厚点儿，另一个却说孩子都要捂出痱子来了，该少穿点儿。或者，一个洗碗时习惯放洗洁精，另一个觉得洗洁精对身体有害，能不放就不放……

此外，导致婆媳之间出现矛盾的主要原因，多是由带孩子引起的。由于生活环境、自身知识储备等问题，很多时候婆婆带孩子的观念和我们年轻人是不一致的。然而值得明确的是，不管带孩子的方式有多不同，婆婆所做的一切都是为了孩子好，这一点毋庸置疑（极端情况除外）。

只要和老人住在同一个屋檐下，磕磕碰碰就在所难免，总会产生这样那样的矛盾。我们既然想享受老人带孩子给予我们的便利：省钱、放心（无恶毒保姆虐待孩子之忧），就要忍受一些因生活习惯和三观不同而带来的关系上的矛盾和冲突。

世上没有完美的婆婆，世上也没有完美的儿媳。每天陷在婆媳问题的泥潭中，不开心的终归是自己。既然很多问题都是小问题，那我们为什么不能多一些豁达，多一些宽容呢？

# 03

多年前读过一个故事。

一个小和尚和他师父一起去化缘。当他们走到一条小河边时，看到一个姑娘在河边徘徊着不敢过河。老和尚问姑娘："姑娘，你是不是想过河？我背你过去吧。"说完就背着姑娘过了河。

小和尚看得瞠目结舌，觉得师父这样做不合适，可又不敢问，就这样在心里嘀咕了一路，一直到他们离那条河很远的时候，他实在忍不住了，问师父："师父啊，您是一名得道高僧，怎么能背一个女人呢？这样做怕是不妥吧？"师父微微一笑："我背她过了河，马上就放下了，可你到现在还放不下。"

此情此景和婆媳关系多么相似：在这个社会上，有多少人一直怀揣着对婆婆（儿媳）的怨恨过日子啊，这样真的不累吗？

有一个道理我们一定要懂：别太把儿媳当回事儿，也别太把婆婆当回事儿，这不是教你不尊重对方，而是要学会不刻意放大对方的缺点，不让那些被我们刻意放大的缺点给自己添堵。说到底，请让自己的心胸更宽广一点儿，视野更开阔一点儿，不要成天盯着婆婆（儿媳）都做了些什么，别总是想东想西地把婆媳矛盾上升为自己生活的主题。你要知道，这个世界原本很大，我们的生活其实可以更美好。

# 第四章

## 单身力，让你散发别具一格的魅力

○

# 相亲不是宰客，别因为一顿饭失了气度

## 01

表弟给我讲了他的相亲经历。

女孩儿是表弟同事介绍的，两人约在咖啡厅见面。女孩儿长得挺漂亮的，也挺能聊，整个过程都挺开心的。后来表弟一看到中午了，就说要不咱们换个地方，吃点儿东西？

女孩儿很痛快地答应了。

表弟对女孩儿印象不错，又聊得开心，女孩儿还答应一起吃饭，表弟心想：这次估计有门儿。于是特地带女孩儿去了一家上档次的饭店，饭后还贴心地送女孩儿回了家。

第二天，表弟又兴冲冲地主动联系女孩儿，想再约女孩儿出去，女孩儿却没接电话。晚些时候，女孩儿发来一条消息：不好意思，我觉得我们不是很合适。

表弟感到很诧异：如果对我完全没意思，那她之后应该就不会再答应和我一起吃饭了呀，难不成是我后半段表现不佳，让女孩儿把我 PASS 了？

因为比较在意，表弟就托介绍人追问，想知道自己到底是哪里让女孩儿不满意了。介绍人问后说："她说从一开始就对你没什么感觉。"表弟不解："对我没感觉为啥还和我聊那么多？"介绍人回答："可能就是因为没啥感觉才会比较放松吧，话也就相对多了一点儿。"表弟又问："既然对我没感觉，为啥之后还要和我一起吃饭？"介绍人大大咧咧地说："做不了男女朋友就不能做普通朋友吗？吃顿饭还能把你吃穷了？"

表弟有点儿小郁闷，他觉得一起吃顿饭也没什么，你要真饿了，我请你吃饭绝对没问题，但这是相亲啊！总感觉哪里怪怪的。

表弟的经历，让我想起了一则旧新闻，记得那则新闻当时还上了微博热搜。

## 02

一名女子和一名"海归男"相亲，两人由"海归男"的同学负责牵线。

"海归男"年薪 70 万，相亲女月薪六七千。女子见面前

"海归男"有言在先——地方随便挑，菜随便点，不用客气。

结果女子把人家"不用客气"的客气话当了真。初次见面女子就把"海归男"带到一家粤菜馆，然后点了十只虾刺身，每只298元，男子提醒她："我们吃得了这么多吗？要不点两只？"结果女子说："这虾个头小，一口就能吃一只，肯定吃得了。"

当然，女子不止点了这些，还有燕窝、象拔蚌等，共计花费4897元。结果，"海归男"一口饭没吃，不但钱没付，还直接走人，顺便拉黑了女子的微信。

这下可苦了介绍人，因为相亲女子哭哭啼啼地找到他，一定要"海归男"付钱，介绍人只好去找"海归男"，"海归男"抱怨："本来想花两千块钱请女孩儿吃饭，可没想到她这么狠，这不要我呢吗？她要我，我也只好要她喽！"

为了不让介绍人为难，"海归男"给女方转了两千块钱，可女方依然不依不饶，一定要让介绍人来分担另外的小三千块钱，理由是她自己的钱还要付房租……

这件事在当时引起了很大的争议，有人站相亲女，说"海归男"小气，既然前边夸下海口说地方随便挑，菜随便点，怎么才花你不到5000块钱就吃不消了？也有人站"海归男"：我年薪70万不代表我就该当冤大头，相个亲而已，干吗上演"坑客""宰客"这一出！

# 03

以上两个故事乍一听不是一回事，可说到底，都和"相亲时谁付钱"这件小事儿挂得上钩。

先说表弟的事情。我问了几个女孩儿："如果你去相亲，见面以后对方没什么感觉，那你还会不会和他一起去吃饭？"让我感到欣慰的是，她们的回答都挺一致的："那我不会再和对方去吃饭，以免对方误会。如果抱着做不成男女朋友只做普通朋友的心思，就算答应去吃饭，考虑到对方之前已经请我喝了咖啡，那么后边吃饭时我肯定会抢着买单，或者至少也要采取 AA 制。"

独立女孩儿大多不会在相亲时占人便宜——谁还缺一顿饭吗？

至于发生在"海归男"身上的事情，大多数女生表示相亲时自己不会挑特别贵的地方，如果事先知道对方要请客，则会把点菜权交给对方，即使自己点菜，也不会给对方造成负担。因为大家都明白，没有谁的钱是天上掉下来的。

偶尔一群人一起出去坑儿，我会听到这样的话："×××有钱，不用替他省着。"

人家条件好、挣钱多，那是人家的事儿。请客的时候大方一点儿，说明人家慷慨，可大庭广众之下逼别人"慷慨"，那就"吃相难看"了。

吃相不能难看，不露出"馋相"，不炫耀"富相"，这是小时候父母给我的教育，我一直谨记在心。让我感到开心的是，我身边的大多数朋友也是这样。

## 04

N 姑娘相亲经历比较丰富，她说她的原则是：如果对方提出请客，那么她会选在咖啡厅或茶吧，第一次消费绝不给对方造成负担，点的东西也不会太贵，更不会刻意浪费。如果彼此印象还可以，会考虑下次看个电影什么的，而"一起吃饭"通常是第三次见面的事情了。如果第一次对方买单，那么下次就由自己买单。如果对对方没感觉，那么不妨自己买单，因为只想后会无期，不想欠人情。

我认识的明事理、有分寸感的姑娘，相亲时都不会一直让男方买单，虽然不至于像"AA制"一样分得那么清楚，但至少会你买两次单，我买一次单，而且轮到自己买单时，也不会特意挑极便宜的地方请客。

总之就是，合得来继续联系，合不来也不玩暧昧，不能把对方当冤大头，身份高低也不是通过一顿饭的价格决定的，不是说吃一顿饭花上四五千，甚至上万元，就说明某个人高贵、有档次。作为一个独立的女孩儿，我们不该让相亲这件事拉低自己的水准，不该让人觉得自己缺乏教养。

# 别在最好的年纪，以最差的形象示人

## 01

大概一年前吧，朋友刘姐开始做微商。前两天通过浏览她发在朋友圈中的照片，我发现她最近真是越来越漂亮了。她的妆容看上去很精致，一看就是精心化妆过，另外，她的身材也越来越好，整个人变得又瘦又精神。

这么说吧，刘姐以前给我的印象就是一个普通得不能再普通的家庭主妇——不爱打扮，更不爱化妆，每天穿着拖鞋出门买菜……现在的她却早已今非昔比了，不但经常化妆，穿衣服也很注重颜色搭配，让人感觉越来越精致、干练，甚至有点儿精英范儿。

刘姐告诉我，开始做微商后，公司曾安排专人对她进行形象管理方面的培训，此外，她发现很多同行都很注意个人形象，每个人看上去都光彩照人，如果自己不学着捯饬捯饬，真的会显得特别土。于是，她开始学习化妆，学习服装搭配，同时也开始注意身材管理。

从刘姐身上我深刻发现，人一旦开始注意管理自己的形象，那整个人的气质会在很短的时间内提升很多。

<h2 style="text-align:center">02</h2>

我有很长一段时间都属于那种不太注意形象的人，原因有二：一是我一向自诩心灵美比皮囊美更重要；二是我不太会打扮自己，既不会挑衣服，也不会搭配衣服，更不会化妆。综上种种，以致长期以来，我给人的感觉都比较"接地气儿"。

我也多次想过要改善自己其貌不扬或者说泯然众人的外在形象，然而，一般坚持不了几天，我就渐渐忘了这个"初心"，最后只能破罐子破摔了。

我写文章时，偶尔会"自黑"形象气质不佳，属于"矮、胖、丑"的那一类人，婆婆看到相关文章后总是一本正经地和我说："你不要说自己'矮、胖、丑'，你要自信一点儿，你并不胖，你也不丑，你可以这样写：'虽然我不是美女……'"老公听后反驳婆婆："她那是'自黑'，也就你们老年人会当真……"

我的文章里确实有"自黑"的成分，但我对自己的外在形象不够自信也是事实，因此我极少自拍，平时带娃儿出去玩儿，也极少想到给自己拍张照片留念。

记得我出版自己的第一本书《愿你独立，愿你强大，愿你貌美如花》时，出版社编辑问我要照片，我拒绝了，后来给图书做宣传时对方也问我要过照片，但统统都被我拒绝了。

有个编辑朋友和我关系比较"铁"，有一次她非要让我提供一张生活照，我百般推辞，说自己没有好看的照片。她说："这还不简单？下载个'美颜相机'，现在拍一张嘛。"无奈之下我只好威胁她："如果一定要发照片，那我就不跟你合作了。"她看我很坚持，就没再勉强我。

事后我也反省自己：就是一张照片而已，至于死活都不愿意示人吗？好像我真丑得见不得人似的，我形象真的有这么差吗？如果真是这样，那我是不是也该赶紧进行形象管理啊？毕竟我才三十多岁，三十多岁的年纪也算"正当年"吧，难不成真的要在最好的年纪，以最差的形象示人吗？

## 03

说到这里，我要感谢我的一位读者，之前我总爱自称"胖清浅"——那时的我的确比较胖，刚生完孩子时，我体重达到了65公斤。有位读者给我留言："清浅，你不要再自称'胖清浅'

了，你要自称'正在变瘦的清浅'。总是自称'胖清浅'的话，你会慢慢习惯你是个胖子这件事，你应该减肥，你该减肥你知道吗？"这话简直像当头一棒喝醒了我。根据吸引力法则，如果我一直自称"胖清浅"，那我很可能真的会一直胖下去。那一刻起，我决定，我要减肥，变成一个不太胖的清浅。

因为当时的我既要写稿，又要带娃儿，很难有大段的时间来健身，于是我开始利用碎片时间进行运动：能站着决不坐着，能走路决不坐车，工作时间长了就做几组深蹲来弥补一下，晚上睡前还要踩几分钟的空中自行车……

此外，我也比较注意饮食搭配，尽量不吃油炸食品，尽管我很爱吃油条和炸花生米，可为了身材，我忍了。另外，尽量不在外边的饭店吃饭，因为外边的饭菜油多盐也多，吃多了很容易发胖。

经过一段时间的"碎片化式运动"和严格的饮食控制，功夫不负有心人，女儿一岁时，我已经成功瘦了十多斤。现在的我虽然仍不是很瘦，但也不能算是"胖清浅"了。

## 04

形象管理，不只是悦人，更是悦己。扪心自问，当你打扮得漂漂亮亮时，难道你的心情会不美丽吗？别不在乎个人形象，因为这个世上的绝大多数人，仍然在以貌取人，包括你自己。

当你开始注意形象管理——包括身材管理、妆容管理、衣着管理和仪态管理等时，你的外在形象和整体气质真的会比原来好很多。

杨澜说过，没有人有义务透过你的邋遢外表，去发现你内心的优秀。优雅、美好的女子，自成一道风景，她们是上天对这个世界的奖赏。

想做一个优雅美好的女子？那就先从提升自己的形象开始吧！

# 任何时候都不要拒绝成长

## 01

邻居给我讲了一件令她感慨的小事。

她有个朋友是全职妈妈，某天问她知不知道快递员的电话号码。她给那位妈妈推荐了某个快递公司的微信公众号，告诉她，关注公众号后可以直接下订单，很快就会有人主动联系她上门取件。

这位妈妈听后很犹豫地问："我从来没有这样寄过快递，靠谱儿吗，不会被骗钱吧？"她解释说："不会啊，我经常这样下单，不止公众号可以下单，小程序也可以下单，超级方便。"那位妈妈想了想说："算了，我还是再查查快递公司的电话吧，万一被骗就糟了。"

邻居听后很无奈，因为关系比较好，她选择毫不犹豫地敲打朋友几句："你这是当全职妈妈当傻了吧？咱们当全职妈妈不能不接触新鲜事物啊！咱们也要多多学习，努力提升自己，否则有一天你出去找工作，绝对两眼一抹黑，啥也不懂、啥也不知道啊。"

这位邻居的话虽然听起来有点儿刺耳，却非常在理。就算不上班，就算在家全职带娃儿，女人也要多接触新鲜事物，保持强烈的好奇心，努力提升自己，否则真的会和社会脱节，变成什么都不懂的"傻子"。

我发现，同样是全职妈妈，每个人的状态却很不一样。有的人虽然一直在家带娃儿，却依然朝气蓬勃，看上去光芒四射；也有的人，看上去灰头土脸，总是以带娃儿为借口，把自己禁锢在一方小小的天地中。

## 02

我家老大一岁半以前，我做了一年多的全职妈妈。那段日子里，我成天围着孩子打转。和人聊天，张嘴就是娃儿一天大便几次，加几次辅食，喝几次水，该打什么疫苗了……

那时老公和我聊天，我经常会听不懂："xxx是什么？"老公为此常常打趣我："成天带娃儿都把你带傻了，这都不知道。"然而，我并未放在心上。

孩子一岁半时，我决定出去找份工作。那时微信悄然兴起，我也注册了一个，但基本不怎么用。

上班第一天，新同事要加我微信，但我根本不知道怎么添加陌生人，窘迫地说："你加我吧。"同事说："把你的二维码打开，我扫描一下。"我傻乎乎地问："二维码在哪里？"……

现在连三四岁的小朋友都知道什么是二维码，可彼时的我却连二维码是什么都搞不清楚。还好我学习能力比较强，没多久，我不但会玩微信了，甚至开通了属于自己的微信公众号。

不可否认，全职妈妈非常辛苦，要带娃儿，要做家务，一天到晚忙得要死，的确很难将注意力转移到外界的新鲜事物上，但这不该是我们不成长的理由。

## 03

当一个女人开始拒绝成长时，不但会被社会抛弃，甚至会被爱人嫌弃。

一个网友做了两年全职妈妈，一天到晚忙忙碌碌，勤勤恳恳，结果，突然有一天，老公向她提出离婚。没有第三者插足，也没有激烈的纷争，她想不明白老公到底为什么要这样对她。最后她终于搞明白了，原来，老公跟她离婚只是因为她每天除了看孩子、做家务，就是看韩剧、睡觉，整个人非常"无趣"。

对于这个离婚理由，她完全接受不了。可是，仔细想想，老公对她的评价却是非常中肯的。

这个网友怀孕后就立马辞职了，她将全部精力都投放在孩子和家务上，真的是"两耳不闻窗外事"。和她在一起，很多人会觉得她非常"单纯"，然而，对于一个三十多岁的女人来说，单纯真不是什么好事。当一个人没有了独立思想时，会完全失去自己的个人魅力，试问这样的一个人怎么可能抓得住另一半的心呢？

老公提出离婚，对她来说无异于天塌地陷。她根本不知道离婚后自己要怎么活？她想重新站起来，可这需要花费很大很大的力气。

当婚姻中的两个人，一个人完全拒绝成长，另一个人却在奋力提升自己时，夫妻二人只会越来越没有共同语言，最终，要么貌合神离，要么分道扬镳。

当你举目四顾，发现自己已经快被淘汰，甚至已经被家人嫌弃的时候，后悔已经来不及了。

## 04

有次闺密跟我说，她开设的微信公众号开始接收投稿。她做的是美食类公众号，投稿的作者大多是女性，其中不乏全职妈妈。她每次接到不错的投稿，就会问对方："你会排版吗，如果你能排好版再发给我，那就更好了。"

虽然我们经常看公众号文章，但相信大多数人并不知道文章要如何排版。闺密收到的回复，大多也是说："我不会，你帮我排吧。"可是某天，一个全职妈妈说："我不会，但是我可以学，你可以告诉我在哪里排吗？我研究研究。"

闺密感慨地对我说："我就喜欢这种态度积极，也热爱学习的女人。虽然和她并不相熟，但是她给我的印象很好，在我看来，这样的女人肯定会越活越精彩。"

的确，热爱学习的人，永远年轻。他们对这个世界的探索从未停止，而"判断一个人是否老去的标志，就是看他是否对新鲜事物还保持好奇心"。

## 05

无论你是二十岁还是四十岁，无论你是全职妈妈还是职场女性，都不要失去对外界事物的兴趣，多看看外边的世界，不要丧失接触和学习新鲜事物的勇气，遇到不懂的问题，也不要先说"我不会"，而是"我可以学"。

一个人如果不想被社会淘汰，就要一直学习，一直成长，即使生活再忙再累，也要挤出时间提升自己。如果你一直有强烈的好奇心，努力去探索新鲜事物，这个世界也会对你友好起来。

像个小朋友一样努力学习新技能吧，加油！

# 再忙再累，也要懂得享受一个人的小美好

## 01

有一次网购了一株一叶莲，收到后发现实物只是一片比手掌还小的叶子。我有些失望，感觉这片普通的小叶子配不上"一叶莲"这么美的名字。不过它既然来了，那就养起来吧！不料，几天后，那片叶子的叶柄部分竟然冒出了一个小小的芽。我感叹于造物主的神奇，惊喜地拍了张美美的照片发了个朋友圈。

一位好友看了我发的照片后留言："真的很羡慕你的生活，感觉你活得特别清闲自在，每天就是写写字、读读书、养养花，这就是传说中的岁月静好吧？再看看我，一天到晚都活得鸡飞狗跳。"我看后哈哈大笑："岁月静好，我呀？"

事实上，那天上午婆婆一直不在，我一个人既要带孩子，给孩子做辅食，还要洗她换下来的一堆脏衣服。不到一岁的女

儿一会儿爬东爬西，一会儿把我床头的书拿下来撒一地，一会儿又因为我理解不了她的意思急得大哭……就在我拍照发朋友圈的同时，她自己爬到厨房，翻出刚买回来的番茄啃了几大口，脸上、身上全是番茄汁……

生活中哪有那么多岁月静好，只不过是忙里偷闲罢了。当你学会了忙里偷闲，原本忙乱、喧嚣的生活，会突然安静下来，这时，会有一朵叫"美好"的小花在你的生命中悄然绽放。

我很喜欢的英国作家毛姆曾说："一个人能观察落叶，羞花，从细微处欣赏一切，生活就不能把他怎么样。"

对此我深以为然。的确，那些善于从细微处欣赏一切的人，即使再忙再累，再苦再难，也会把生活变得闪闪发光。套用一句网络流行语：他们总能找到生活中的糖。

## 02

人到中年，难免活得兵荒马乱，希望你不要被这份忙乱所左右。适当地给忙乱的生活注入一点鲜活的营养液，你会发现，你也可以拥有一小片绿洲。

发小小懒虫是美食爱好者，工作之余，她会精心给家人准备每一餐，这俨然已经成了她的一种习惯。

她做饭特别讲究摆盘，她说同样的饭菜，稍微花点儿心思摆个造型出来，会大大提升它的颜值。

有一次她做蛋炒饭，用西瓜皮雕刻了三朵小花，摆在了盘子的一角，我们的一个共同好友说："这又不能吃，费劲巴拉弄这个有什么用？"

她则回答："好看呀，瞧着这三朵小花心情好，能多吃好几口饭，这算不算它的用处呢？"

那三朵西瓜皮雕刻成的小花一直让我久久难忘，我想，这就是热爱生活的人用心维护的美好吧。

生活或许是平庸的，今天和昨天也许没有什么不同。但是，我们至少可以雕刻一小朵西瓜皮花，给它添加一点装饰。

另一个朋友则无论多忙多累，都会每天抽出五十分钟的时间来做瑜伽。她说："生活压力很大，瑜伽已经成为我生活的一部分，我靠它给我支撑。"

我喜欢"支撑"这个词，每个人都需要找到自己的支撑，这样才会在负重前行的时候，举重若轻。而我的支撑，大概就是我在不经意间发现的那些美好的瞬间吧。

我喜欢庸常生活中那些不起眼的美好瞬间。偶尔写着字，或者看着宝宝的时候，看到餐桌上的小雏菊，我的心情会瞬间变得十分美丽；雨后，走在湿漉漉的小径上，偶遇几只小蜗牛正摇头晃脑地散步，我会轻轻说一声："你好啊，小蜗牛"；接孩子放学的路上，看到菜市场门口拉艾草的三轮车，一群人正在挑挑拣拣，恍惚中意识到："哎呀，端午节要来了吗？又可以全家一起吃粽子了"；晚上，孩子都睡下后，随便从书架上抽出一本书读几页，虽然只有短短一小会儿，却可以让我从烦乱的生活中抽离出来……

或许用汪曾祺先生《慢煮生活》中的一段话来形容这种感觉更合适："你很辛苦，很累了，那么坐下来歇一会儿，喝一杯不凉不烫的清茶。不纠结、少俗虑，随遇而安，以一颗初心，安静地慢煮生活。"

是的，慢煮生活，随遇而安，当你真正投入进去，用心去感受这些美好，生活就会有那么一点点不一样。

## 03

曾经听过一场演讲，演讲者蔡皋是位 70 多岁的老奶奶，她同时也是位热爱生活的画家。她说："生活有时候确实像一地鸡毛，但如果你的心态够好，它也可以是一地的锦绣。"

那一刻，我觉得很感动，我仿佛看到了一束光，一下子将原本黯淡迷茫的生活照亮了。

谁的生活不是一地鸡毛呢？但是，请你把它们变成一地锦绣吧，你甚至不需要做任何事情，只需要转换心态就好。

是的，即使再忙再无聊，也不要忘记关照自己的内心。当你把这一地鸡毛打扫出一小片地方，它会变成你可以自由呼吸的天地。适时地给自己的生活加一点儿调味剂吧，它可以变得更有滋味。

生活从不缺少美，缺少的是善于发现美的眼睛。每天经过的路边海棠花开了时，请停下来嗅一嗅花香；去吃工作餐的路上，如果阳光很好，请停几秒钟，好好享受一下春日暖阳……这些看似无意义却美好的小事，会让我们的生命变得温暖而厚重。

借用一句话作为这篇文章的结尾吧："低头有泥，抬头有云，周遭有生灵。人生在世三万天，你说哪天不值得？"

好好生活，好好爱自己，好好享受一个人的小美好。

# 远离产后抑郁，心态最重要

## 01

有个读者说，自己住的小区里，有个女人自杀了。

那是个二胎妈妈，老大读小学，老二一岁多。她平时看起来挺大大咧咧的，谁也没想到她会走到这一步。

她离世的那天下午，还曾发了一个朋友圈，说自己做的饭菜真好吃，要好好吃饭。结果，仅几个小时后，她就选择了从自己家四楼的阳台上跳了下去。

凌晨一点，武汉的冬夜，天那么黑那么冷，她一个人从窗口悄无声息地离开，想一想就好难过。

读者说，那家的老大暂时还不知道妈妈去世的消息，至于老二，因为一直是妈妈一个人带，所以特别黏妈妈，妈妈离世后，三天了，孩子都不让别人给自己洗脸、洗澡，还一直哭着找妈妈，她可能不理解，最爱自己的妈妈到底去哪里了，为什么好几天都不见人了？

听完老二的情况，我的眼泪倏地落了下来。

据说这位妈妈有产后抑郁症。

很多人说，这位妈妈就这么抛下两个孩子走了，孩子真的太可怜了。

孩子们固然可怜，但是更可怜的，或许正是这位深夜悄悄离去的女人吧？女人一旦当了妈妈，但凡有一点儿办法，谁会选择结束生命呢？她在离开前，肯定经历了漫长的无助和绝望，她肯定苦苦挣扎过，也肯定劝过自己，就算为了孩子，也要努力撑下去。那条"自己做的饭菜真好吃，要好好吃饭"的朋友圈，就是她曾想努力活下去的证明。

可是，她最终还是没能撑下去……

## 02

这件事让我想起了前几年湖南那位因产后抑郁而自杀的母亲。那位妈妈也是抑郁症，当时她选择携两个年幼的孩子一起从高楼跳下，妈妈和大孩子当场死亡，刚几个月大的幼儿不久也因抢救无效身亡。

临终前，这位妈妈写下了长达 15 页的遗书，她在遗书中多次表明自己与丈夫以及丈夫的原生家庭三观不合，称"哀莫大于心死"。因"实在忍受不了"，她才下定决心要结束生命，同时还要带上一双儿女，因为"在我看来，孩子在一个经常吵架的家庭里也不会健康成长"。

这位妈妈选择自杀前肯定非常纠结吧，带着孩子一起走，会被指责私自扼杀孩子的性命，丢下孩子独自离去，也会被骂狠心。可是，如果能好好活着，谁愿意去死呢？谁愿意丢下幼小的孩子，让他们独自面对这个未知的世界呢？说到底，还是因为太绝望了。

## 03

就我个人的亲身体验来讲，当妈妈是件很幸运、很幸福的事情。

想一想，婴儿初降临这个世界，他们什么也不懂，什么也不会，他们那么无助，那么可怜，他们唯一能信任的人就是我们，单是想到这里，我们的内心就母爱蓬勃，想一生一世地好好爱他们。

可是，当妈妈也是一件很辛苦、很累的事情，在得不到理解和支持的情况下尤甚。退一步讲，就算有人帮忙，也可能在某些瞬间感到绝望和无助。

一个朋友说，宝宝生下来后，虽然有婆婆帮忙，老公下班后偶尔也会抱抱孩子，但给她的感觉经常是，他们都是临时帮她带一会儿娃儿，让她吃个饭或者洗个澡。一旦她做完这些事情，他们都会很自然地把孩子交还给她。

至于夜间哺乳、给孩子换尿布，更是她一个人的事儿，有时候，孩子半夜哇哇大哭，哄半天睡不着，老公却在一旁呼噜震天，她心里会觉得特别不平衡，甚至很想把他一脚踹醒。

还有个读者说，自己生完宝宝后一直和老公分隔异地。有一次孩子病了，她大半夜一个人带孩子去医院，孩子生病睡不好，晚上她就一直抱着孩子睡，抱了三个晚上，最后孩子病好了，她却病倒了。

没有在深夜痛哭过的妈妈，不足以语人生。"孩子哭，我也跟着哭"的经历，相信不少妈妈都有过，很多妈妈甚至得过产后抑郁症。

## 04

产后抑郁症并不鲜见，它的发病率高达 15% ~ 30%，产后抑郁症的主要表现为持续和严重的情绪低落以及一系列症候，如疲劳无力、悲伤哭泣、烦躁、沮丧……严重时甚至会失去生活自理能力及照料婴儿的能力。

前不久还看到一位新手妈妈离家出走的消息，据说该女子"产后抑郁症，散心后失联"，没多久这位新手妈妈被找到了，遗憾的是被找到时已经死亡，经法医刑侦鉴定为自杀。

所以，产后抑郁症真的很恐怖，妈妈们一旦发现自己有产后抑郁的倾向，一定要及时放下面子，将心境袒露给家人，向家人寻求体谅和支持，同时寻求医生的帮助，及时得到科学准确的心理疏导和治疗。

此外，产妇还要尽可能地获得充足的休息，尽量让自己保持心情愉快，这可以有效地避免和缓解抑郁症。

最后，希望妈妈们都能明白，带孩子最累、最难的其实也就那两三年，绝望的时候不妨自我安慰一下：孩子大一点儿就好了，再坚持坚持就好了。

活下去，才会有后头的好日子；活下去，才是实现未来精彩人生的大前提。千万别让产后抑郁症压垮你，加油！

# 好好吃饭，才能元气满满

## 01

如何判断一个人是否在认真生活呢？我觉得其中一个重要标准，就是看他有没有好好吃饭。

作家素黑曾经说过一句话："自爱的首要条件就是先吃好一顿饭，睡好一个觉，不问理由地先强壮自己的身体。无论发生什么，都要善待自己。"

我深以为然。

我认识一个姑娘，单身的她一直一个人住。有一次我跟她一起逛超市，发现她买了一大堆调料——黑胡椒、烧烤料、番茄酱等，应有尽有。

我随口问："怎么买这么多调料，要招待客人啊？"

"没有啊，我自己用。"

我更加不解："一个人吃饭需要用这么多调料吗？"

她回答："我自己经常做菜，所以平时会准备很多调料，这样想做什么菜时，都可以信手拈来。"

"一个人吃饭竟搞得这么隆重？我印象中你们这个年纪的孩子都是比较怕麻烦的，大部分时候都是能凑合就凑合。"

她笑着摇摇头："可能有不少人像你说的那样，能凑合就凑合，可是我觉得，一个人生活更该好好吃饭，否则连个照顾自己的人都没有。"

原来，她妈妈就很爱下厨，而且做的菜都很精致。妈妈擅长做各种面食：饺子、包子、锅贴、小馄饨等，全都不在话下，做好后，还会盛在精美的碗碟里。妈妈做的饭，单是看着就幸福感爆棚。受妈妈的影响，她也很喜欢做饭，即使一个人独居，在饭食上也从不马虎。她记忆中最美好的时光，就是一家人围坐一团，其乐融融地吃饭。

蔡澜先生曾出过一本书，叫《今天也要好好吃饭》，他在书中这样写道：一个人要吃东西的时候，千万别太刻薄自己，做餐好吃的东西享受，生活就充实。

那种一个人也坚持认真做饭、认真吃饭的人，肯定是会享受生活并且用力生活的人。

# 02

民以食为天，开门七件事，柴米油盐酱醋茶。

我们公司的丁姐也是个对吃饭很讲究的人。她常说，唯爱与美食不能辜负。

丁姐每天早上五点半起床做早餐，我经常翻她朋友圈，就是为了看她晒早餐。她做的早餐不但色香味俱全，还荤素搭配、营养均衡。小米南瓜粥、糯米团子，再配上水果和一小碟坚果，光是看看就赏心悦目，她选的餐具也很好看，仿佛艺术品。在她看来，认真地享用一日三餐，不仅是为了填饱肚子，对身体也大有裨益。经她烹制的饭食，不但有益健康，还有助于保持匀称的身材。

丁姐做的早餐，一看就不是那种"十分钟速食"早餐，丁姐每天在做早餐这件事上，花费了很多时间。

有人说，热爱做饭的人，都是热爱生活的人，我对此深信不疑。

认真做饭，好好吃饭，是对自己最简单也最贴心的照顾。遗憾的是，吃饱饭人人都会，吃好饭却不见得人人在行。有不少人从不把吃饭当回事儿，可能几块饼干就代替了一顿早餐，可能一桶泡面就解决了午餐、晚餐……殊不知，长期不好好吃饭会带来各种健康隐患——轻则患上消化系统疾病，重则引起血糖降低，进而产生头晕恶心、注意力无法集中、记忆力减退等问题，甚至可能导致智力下降或猝死。

我见过那种吃饭马虎的人，一日三餐全靠外卖，我个人觉得那不叫吃饭，那只能叫填饱肚子，且不说营养跟不上，生活品质也堪忧。在这个脚步匆匆的时代，人只有伺候好了肠胃才会活得元气满满啊！

## 03

日剧《四重奏》里有一句台词：会边哭边吃饭的人，能够活下去。

是的，日子再难再苦，我们也该吃好每一顿饭。人固然有食不下咽的时候，可是，真正厉害的角色，却懂得吃好一日三餐才是反败为胜的基本前提。毕竟，一旦身子垮了，那其他的一切都会变成奢望。更何况，好好吃饭不仅是对我们自己身体的负责，更是为了不给爱我们的人增添麻烦。

一个姑娘说，有一次她失恋了，心情很糟糕，自然也食之无味，于是一连三天没有吃饭。妈妈劝她要按时吃饭，她还骗妈妈说在单位吃过了。结果第三天夜里，她的胃开始绞痛。妈妈心急如焚地送她去了医院，大半夜的，看着妈妈跑上跑下地帮她挂号、找医生，她十分愧疚，很后悔因自己的一时任性害得妈妈不得安宁。从那以后，无论发生什么事，她都没再让自己饿过肚子。

古诗《行行重行行》中，有一句是这样写的：弃捐勿复道，努力加餐饭。意思是说：虽然我们要分开了，但你还是要好好吃饭啊。仔细想想，这句诗不正代表着爱我们的人对我们浓浓的牵挂吗——我是这么的牵挂你，如果你不好好吃饭，我怎么能够放得下心啊。

所以，为了让我们爱的人能够安心，为了我们自己的身体，无论何时何地，请一定不要在饭食上凑合。诚如美食家蔡澜先生所言："好的人生，从好好吃饭开始；好好吃饭，就是好好爱自己。"

好好吃饭，认真生活，共勉！

# 永远不要肆意批判别人的人生

## 01

一个朋友，去年突然要给孩子换一家幼儿园。那家幼儿园是新开的，刚装修好没多久，也不知道甲醛含量是多少，收费只比她孩子现在上的幼儿园便宜一点点，我当时觉得没必要因为不到一百块钱的费用给孩子大费周章地换幼儿园，可朋友却执意选择了那家。

在最近一次聊天中，朋友才告诉我事情的原委：原先的幼儿园半年收一次费，新开的幼儿园一个月收一次费。她说："一次交半年的费用，对我们家来说，负担太重了。一个月交一次，经济上还能缓一缓。"

我听后久久地沉默了，这时才猛地想起有些人租房时必须选择按月交房租的房子，因为他连三个月的房租都交不起啊。

而这样的人，可能就在我们身边。

## 02

在微博上看到一段视频，一位年轻的妈妈因为儿子弄丢了5块钱的地铁票，懊恼地对儿子发火，不但一次次地推搡孩子，甚至打了孩子的头。

路人见状看不下去了，纷纷劝她："丢了就丢了，你再买一张不就得了？别打孩子了。"妈妈说："可我没那么多钱啊。"路人问："多少钱啊？"妈妈回答："5块钱，快急死我了。"路人又问："5块钱很多吗？"这位妈妈回答："钱好难赚啊。"

一句"钱好难赚"，让人蓦地心酸。

从有限的信息中可以发现，这位妈妈是个钟点工，一个月才挣900多块钱。她没有和老公一起生活（可能是分居，也可能是离婚），老公也不给孩子的抚养费，她一个人带着孩子住在娘家，妈妈还常年多病。她这次出门是带儿子去亲戚家借钱，因为要过年了，家里实在没钱买年货了。

5块钱，对很多人来说连杯奶茶钱都不够，可对于这位月收入900块钱的妈妈来说，这5块钱真的很多很多。

对很多人来说，活着，本身就是一件很艰难的事。

# 03

2018 年 1 月 25 日，河南洛阳突降暴雪，汽车站发往各县的公交一律停运。60 岁的赵大爷不舍得打车，于是背着凉席、电风扇和棉被等，徒步回 40 公里外的老家。

以我平时走路的速度来说，走 1 公里大概需要 10 分钟，那 40 公里就需要 400 分钟，也就是 6 小时 40 分钟，要注意，这是在匀速且不间断的情况下计算的。所以赵大爷在背着那么多行李的情况下走雪路，估计至少要走八九个小时。

当被问到冒雪赶路冷不冷时，赵大爷说："没事儿，越走越暖和。年纪大了，挣点儿钱不容易，现在一个月只能挣 2000 多块钱，工钱还只发了一半。省下些路费，可以趁过年给老伴儿买件新衣服穿。"

这个故事，让我想起了我的父亲。他每次从外地打工回来，都会扛着一个大大的蛇皮袋，他也从来舍不得打车，口渴了甚至舍不得买一瓶一块钱的矿泉水，可每次回家，他的大蛇皮袋里除了他的被褥、衣服，还会有给我和妹妹买的零食……

生活诚苦，可是，有些人宁肯亏待自己，也不愿意委屈家人。

## 04

至今，可能还有很多人对一位患癌父亲为了省两块钱而拒绝吸氧的故事记忆深刻。

如果不是那场癌症，小丽可能永远不知道父亲对她的爱如此深沉。

小丽是父母抱养的，父亲是个出租车司机，开了 20 多年的夜班车，黑白颠倒。由于父亲工作繁忙，小丽从小就和父亲疏远，远没有和母亲关系亲密。

2015 年，小丽的父亲被查出患了肝癌。当时他吃不下饭，呼吸急促，小丽让父亲吸氧，可父亲却说能喘得过气，不用吸。直到后来坚持不住了，父亲才跟她说了实话："我希望能多省两块钱给你用。"小丽听到这句话的时候，瞬间泪如雨下。

你知道 1 小时的氧气费多少钱吗？才 4 块钱而已。

拒绝吸氧，这不只是父爱如山，亦是贫困面前父亲无奈的选择。

## 05

一个网友说，小时候家里穷，有一次去超市买东西，他多买了一个 8 块钱的巧克力，结果被妈妈拿着扫帚满小区追着打……

他说，他理解妈妈，毕竟在当时 8 块钱真的不是个小数目。

谁不愿意做慈母，谁不愿意在孩子想要什么的时候，大大方方地满足他呢？可是，有时候现实条件就是不允许一些人这样做。

很多时候，我们会看不惯一些人穷酸、抠门，可这未必就一定是对方格局太小，很可能仅仅是他们没钱。这世上葛朗台并不多，多的是因为困窘而确实无法大方起来的人。

没有真正穷过的人，无权对别人的生活指手画脚。一个有钱却喜欢吃咸菜的人，和一个没钱只能吃咸菜的人，心境是完全不同的。有钱人的粗饭布衣，与没钱人的粗饭布衣，永远无法相提并论。不要把"没钱"简单地归结为对方懒、不知道努力等原因。没钱的原因，和有钱的原因一样复杂，也许是时运不济，也许是受教育有限，也许是原生家庭过于艰难……

永远不要嘲笑别人的穷酸，因为那些比你穷的人，可能比你还努力一百倍，他们舍弃尊严，真的只是为了能活下去啊。

# 坚持读书，才能拥有永不过时的美丽

## 01

杨熹文的《请尊重一个姑娘的努力》中说："很多人不理解，女孩子那么努力，最后不还是要回一座平凡的城，打一份平凡的工，嫁作人妇，洗衣煮饭，相夫教子，何苦折腾？我想，我们的坚持是为了，就算最终跌入烦琐，同样的工作，却有不一样的心境，同样的家庭，却有不一样的情调，同样的后代，却有不一样的素养。"

说得真好，这就是我们选择读书的意义。

我们读过的书，可能有时候看起来并没有实际的"效用"，可它却能在潜移默化中改变我们的心境，让我们变得更加强人。

著名作家严歌苓也说过："美化灵魂有不少途径，但我想，阅读是其中易走的、不昂贵的、不需求助他人的捷径。"

遗憾的是，我们很多人都知道读书好，就像知道运动对身体好一样，可是却很少有人去身体力行地践行，而"没时间"便是我们最常用的借口——结婚以前，我们要么忙着加班工作、升职加薪，要么忙着约会、散心、追剧、聊八卦，哪有时间读书呢？结婚以后？那就更没时间了。以全职妈妈为例，全职妈妈不仅要陪孩子，还要搞定一日三餐，同时又要兼做家务，唯一消停的时间就是孩子睡觉的时候，可这时她可能还得趁机洗洗衣服，忙得仿佛连喘口气的时间都没有，哪还有时间看书呢？而职场妈妈上班要忙工作，下班要忙孩子，此外还要兼顾洗衣、做饭等家务，更难有大块的时间坐下来安静地读上一会儿书了。

那么说到这里，问题就来了，没时间真的可以理所当然地成为不读书的借口吗？

## 02

就我自己来说，我看书最多的时候，是大学刚毕业后的那几年，现在家里的近一千本书几乎都是在那几年买的。

那时候我每天两点一线地穿梭于家和单位之间，每天的通勤时长总共需要三个多小时，长路漫漫，车上又全是陌生人，总不能一直发呆吧？于是我就利用在路上的时间看书。那时我买了个电纸书，里边有很多资源，便捷的阅读方式促使我一周左右就能看完一本书，现在回想起来都觉得那真是一段美好的阅读时光。

怀张小又的时候，我辞职了，虽然当时的职业也是自由撰稿人，可却不像现在的工作节奏这么紧张。那时我看了大概有一百本书，当时我还在豆瓣建了个豆列，叫"和又又一起看的书"。

总结起来就是，无论是刚参加工作时还是怀宝宝时，我都没让自己闲着，都尽可能地利用空闲时间多读些书。

# 03

说说我现在的情况吧。

作为一个二胎老母亲，我现在不仅要带孩子，要日更公众号文章，还要创作书稿，每天忙得团团转。可即便这样，我依然坚信，时间就像海绵里的水，挤一挤总会有的，所以我还是会尽量抽时间多看些书。

关于挤时间的秘诀，我不止一次给我的读者们推荐过，那就是听书。现在很多听书软件上的书籍资源都是免费的，很多经典书籍我们都可以免费在线收听，所以，大家不妨多在手机上下载几个听书软件，想听什么书，直接搜书名就可以了。

听书可以彻底解放双手，我们只要竖起耳朵听就好。所以，我平时都是一边听书一边做家务——做饭、洗衣服、拖地等，这是我目前觉得最节省时间的"读书"方式。

此外，用电纸书看书也非常方便。电纸书只比手机大一点儿，容量也大，出门带电纸书比带纸质书方便很多，我们随时可以拿出来看。

最后，因为我们中的不少人时间实在有限，所以我还有一个建议，那就是不妨选些对自己目前的处境有帮助的好书来读。

以我自己为例，生娃儿后我读书比较功利，很多时候都在读育儿书，比如《不吼不叫》《亲密关系》《捕捉儿童敏感期》，等等。读育儿书一则可以帮助我更了解儿童心理，二则对我自己的情绪控制也很有好处，比如《不吼不叫》这本书，读完我不但更少吼孩子了，自己也少生了很多气，简直一举多得。

## 04

读者群的一个妈妈说，自己的孩子读小学二年级的时候，有一天突然问她："妈妈，你觉得白起是怎样的一个人？""妈妈，你对长平之战有什么看法？""妈妈，康熙、雍正、乾隆在位的三个时期，你最喜欢哪一个？为什么？"

她儿子喜欢历史，老公也是文史爱好者，平时也大多是老公辅导儿子看书、写作业，所以当儿子突然抛出这些问题的时候，她完全接不上话。

这时候她才猛然发现，自己好像很久没有安安静静地读过一本书了，理由无非是没有时间——白天要上班，下班后又要做饭、做家务——"再要求我看书学习？我难道是超人吗？"

当她发现，再不读书，刚上小学二年级的儿子的知识储备就足以超过她时，她痛下决心，一定不能再颓废下去，一定要好好读书。

后来，她真的做到了，利用碎片化时间，她去年共读了六十本书，整个人的思想境界感觉也提升了一大截。

## 05

别总抱怨没时间学习，也别总说自己心有余而力不足。如果一个人同时要带孩子、看书、练书法、学插画、每天做瑜伽，等等，你说你做不到，我相信。可是如果让你每天只抽出半小时的时间来看书，你依然说你没时间，那我是万万不信的。

试过利用零散时间吗？少玩一会儿手机行不行？完不成不睡觉，你尝试了吗？

如果以上都试过了，你会发现，其实你远没有穷尽你所有的时间。

与其无谓抱怨，不如即刻改变。当你真的下定决心去读书时，你就有时间了。

董卿在《中国诗词大会》上曾这样称赞杭州外卖小哥雷海为："你在读书上花的任何时间，都会在某一个时刻给你回报。"

雷海为这个人相信大家并不陌生，多年来，他边送外卖边背古诗词，最终厚积薄发，在第三季《中国诗词大会》总决赛上英勇夺冠，战胜了来自北京大学的文学硕士彭敏。

雷海为尚可以不计艰辛地边谋生边读书，我们又有什么理由说时间不够用呢？请相信，只要你喜欢读书，只要你常年坚持读书，你读过的书一定会化为平坦的路，助你在人生的旅途上走出更美的风采。

# 辛苦无须抱怨，默默努力就好

## 01

新冠肺炎疫情期间，很多公司宣布"关张大吉"，好友小川的团队却出乎意料地崛起了。

特殊时期，很多人不愿意甚至不能出门，购买生活用品成了大问题，小川瞅准时机，联系了几个好友，问他们要不要和自己一起做点儿事，几个朋友都信任小川，都说愿意。

于是春节后，小川和几个伙伴跟当地一个大型超市合作，专门负责外送业务。小川还绞尽脑汁地买来一些口罩、免洗皮肤消毒剂等防护用品发给大家。由于他团队的小伙伴肯干活儿、能吃苦，受到顾客和合作方的一致肯定，短时期内，小川竟然挑头成立了好几支送货小分队。

我们一个共同的朋友曾这样评价小川："小川最大的优点

是踏实、能吃苦，这样的人肯定能成事儿。"

小川上大学时，曾通过勤工俭学赚钱减轻家里的负担。

当时有人给小川班上介绍了一份家教工作，地点离小川所在的学校特别远，而且补习的时间还是正中午。他们班的很多同学都不愿意接这个活儿，小川却接了。整个夏天，小川都骑着自行车，顶着炎炎烈日去给那个孩子上课。当时大家就很佩服小川，认为能吃苦的人将来肯定不会混得差，如今看来，果真如此。

"要想人前显贵，必得人后受罪。"这用来形容小川再合适不过了。小川没说他受了什么罪，可是用脚趾头想想也知道，疫情期间给各家各户送物资，这得冒多大的风险，承担多大的压力。

## 02

我的朋友轩轩妈最近找了一份工作，那是一家信贷公司，早八晚六，周末单休。因为轩轩爸的工作也是单休，为了更好地照看孩子，他们只能决定一个周六休，一个周日休，这样就可以无缝对接了。然而这也意味着，他们很难再有大段的时间带孩子一起出去玩儿，一家人共同相处的时光就只剩下每天晚上下班后的那一小段时间了。

得知这个情况，我莫名地有些心酸。我问她："就不能找个双休的工作吗？这样太不容易了。"轩轩妈说："我好长时间没出来工作了，心里挺没底的。工作是朋友介绍的，先好好做着，熟悉业务后再慢慢想办法。想把日子过好，就必须得克服这些困难。"

"一切为了我们这个家。"轩轩妈又补充了一句。

我听后有些感动，诚然，这样虽然看起来蛮折腾的，但是夫妇二人齐心协力为这个家，共同带孩子，共同奋斗，又何尝不是一种幸福？

人生中的很多事都是先苦后甜，我们努力工作，拼命赚钱，都是为了获得更好的生活。现在一切的"不容易"，都是为了将来的"容易"。

## 03

好友西西有一段时间过得特别艰难。离婚后，西西独自一人带娃儿生活。她每天下午五点半下班，到家六点多，而孩子五点就放学了，必须有家长及时去接。为了不耽误工作，西西只好请了个小时工阿姨帮忙接孩子。阿姨每天帮西西带一个小时的孩子，西西定时付薪水。偶尔需要加班，西西不得已只能让阿姨多帮自己照顾一会儿。

有一次西西下班回到家，发现孩子头上有一个大包，阿姨愧疚地表示，是孩子跑得太快，自己没能跟上，这才让孩子摔在了地上。西西知道小孩子磕磕碰碰在所难免，所以并没有责怪阿姨，可是她却觉得无比愧对孩子，她和孩子说："宝宝，对不起，妈妈现在只能拜托别人照顾你，妈妈必须努力工作，这样咱们的生活才会越来越好……"

有很长一段时间，我住在咸阳，却每天倒公交、坐地铁去西安上班，单程需要一个半小时左右。很多人听后的第一反应都是"太不容易了"，然后必然会发问："你在咸阳找份工作不好吗？"

在咸阳找工作也不是不可以，只不过当时咸阳的工资待遇是每月 2500 块钱左右，而西安是 4500 块钱左右。路上多花点儿时间，却可以得到更丰厚的回报，那每月多出来的 2000 块钱，对我们的生活真的很重要。

那段时间，一般都是我到家刚半个小时，孩子就睡了，早上我起床时，孩子还没醒。我又何尝不是对孩子充满了愧疚呢？

生活不是电影，生活比电影更苦。这是电影《天堂电影院》里一句扎心的话。

生活比电影更苦，所以才会有人在冷风中背着孩子卖早餐，才会有人在孩子生病时不能请假去医院照顾孩子，才会有人不得不将孩子丢给父母，独自踏上外出打拼的征途。

只不过，人生在世，身不由己是常态。我们吃那么多苦，是希望它们可以照亮未来的路。穿过那段最黑暗的隧道，曾经的不易，都将变成你将来的资本。

# 04

这世上没有谁的人生是容易的，只有无数人在默默地负重前行。

诚然，有时候你拼尽全力，终归还是与"容易"无缘。可是，如果你现在就放弃努力，那么下半辈子就极有可能永远"不容易"。

不要害怕吃苦，那只是皇冠上的装饰物。成年人的世界，一分耕耘一分收获，辛苦无须抱怨，默默努力就好。

# 学会善待时间，方能此生无憾

## 01

某天婆婆买菜回来告诉我，小雨妈没了。

我有点儿懵，问婆婆："哪个小雨妈？"婆婆说："咱们小区不就一个小雨妈吗？""真的是我认识的那个小雨妈？我前天才见过她，她还笑着和我打招呼了，怎么突然就'没了'？"

我总觉得不像真的。

小雨妈是小区里和我相熟的一个宝妈，我们经常在一块儿遛娃儿，听说她的职业是外企金领，四十来岁，长得眉清目秀的，看上去很和善。

我忙问婆婆小雨妈是得什么病走的，婆婆回答是脑出血。发病那天，小雨妈刚加完班，所以医生怀疑是她多日加班太过劳累突发的脑出血。

一个前天还在和你谈笑风生的人，说没就没了，这对任何一个与逝者相熟的人来说，都会觉得难以置信吧？

猛地记起上次见小雨妈，她问我关山牧场好不好玩儿，还说最近打算一家人一块儿去玩玩。谁能想到，这个未竟的心愿竟成了永恒的遗憾。

难怪古人说："人生忽如寄，寿无金石固。"

<h2 style="text-align:center">02</h2>

就在小雨妈去世几天后，我又看到一位老友的朋友圈，她是这样写的：昨天，我们这个小城下起了第一场春雨，我的心仿佛也下起了淅淅沥沥的雨。从此，每个母亲节，只会徒留无数的遗憾……

只读了这几句，我便觉得脑中轰的一声像是有什么坍塌了，忙在微信上问她阿姨什么时候走的，得的什么病。

她说是肺癌，已经离世一周了。他们一家人都觉得很突然，从发现肺癌到去世，一共才两个多月，妈妈才刚刚六十岁。

"妈妈少小离家，从小和姨妈、舅舅他们聚少离多，她一直盼着退休后能回老家住上一年半载，享受一下兄妹相聚的欢乐，也尝尝耕种南山的乐趣。只要再过半年她就退休了啊，只要她再等一等……"她说到这里已经泣不成声，而我也没能忍住早已在眼眶中打转的泪水。

那是一个再平常不过的中午，老公去上班了，孩子去上学了，家里只有我一个人在，想着网络另一头好友的无助与伤心，我只觉得异常难过。

生命真的很脆弱，脆弱到之前还在笑着和你打招呼的一个人，再次得到她的消息时，竟已阴阳两隔。

于丹曾写过一篇文章《来日并不方长》，文中有句话我深以为然：生命来来往往，我们以为很牢靠的事情，在无常中可能一瞬间就永远消逝了……

# 03

多年前，曾读过于娟的《此生未完成》。

于娟原本是复旦大学优秀的青年教师、海归博士，任谁都觉得她前途无量，未来一片光明。但是 2009 年 12 月，她突然确诊患了乳腺癌，从患病到去世，仅仅不到一年半的时间。

于娟曾把自己生病后的经历写成日记，我记得其中有这样一段话："有太多的计划要完成，有太多的事情要应付，总是觉得等做好了手头的事情，陪父母也是来得及的。反正人生很长，时间很多。现在想想并不尽然，只有一天天地过，才是一年年，才是一辈子。无头绪的追逐与奔忙，一旦站定思考，发现半辈子已经过去，自己手里的成败并无多少意义，然后转身，才发现陪伴父母亲人的时间已然无多，发现最重要的幸福依然没有时间享用，人生最大的悲哀莫过于此。"

这段话对我触动很大，很多时候，我们都觉得时间很多，人生很长，遗憾的是，很多时候，生命又会戛然而止，那么多的心愿，那么多的计划，只能随风散去。乐观点儿想，就算我们可以善终，可如果浑浑噩噩，照样会给生命留下遗憾。

## 04

佛家说，人生七苦：生、老、病、死、怨憎会、爱别离、求不得。

既然生老病死是自然规律，每个人都躲不过，那不妨达观一些，珍惜现在，善待自己，努力过好每一天，方能消减此生的遗憾。

第一，努力过上健康的生活，作息规律，不熬夜。

很多人过了三十五岁，身体就开始走下坡路，而三十五岁正是上有老下有小的时候，全家的担子都得往身上扛。没个好身体，如何好好"干革命"？更有甚者，不但无法成为家里的支柱，反而有可能成为家人的拖累。我有个朋友就患有高血压，晚上甚至不能亲自带孩子，因为如果晚上休息不好，她血压必定飙升。

所以我们都该养成健康的生活方式，早睡早起，杜绝熬夜。此外，要坚持健身，因为健康的身体是一切的根本。

第二，多陪陪家人。

年轻时，很多人以忙碌为借口，错过了孩子的成长，也忽视了父母正在日渐老去的事实。长大了的孩子无法再过一遍童年，日益老去的父母亦随时可能撒手离去。所以，趁着他们还需要我们，多陪陪他们吧。

第三，有什么心愿，不要拖太久，以免造成遗憾。

经典电影《遗愿清单》中有一句台词："我们不能总是想着等到我以后有了钱，有了时间，或者什么其他的条件成熟了，再去做一些我们早就想做的事情，因为你永远不知道你是不是一定能够看得到明天早上的阳光。"

一个朋友的妈妈就是这种情况，她的心愿是将来可以去各地旅游，可是年轻的时候要上班，退休了又要带孩子，终于闲下来了，身体却撑不住了。所以，完成心愿，要趁早。

我们不知道哪一次挥手道别就是山水难相逢的永别，我们不知道哪一次闭眼就再也不会醒来，唯有善待时间，努力过好现在的每一天，才不会在生命的尽头徒留遗憾。

好姑娘，能一个人精彩，也能与全世界相爱

○

第五章

# 每天做一件让自己心情变好的事情

## 01

发小告诉我，她最近每天早上都去海河边跑步，已经十天了。

她说，清晨海河边的空气很清新，现在春光正好，各种各样的花正陆续开放，沐浴着晨光，在春光里跑几圈，整个人都神清气爽了。用她自己的话说就是，像孙悟空那样吸收了日月精华之后，整个人的状态都不一样了。

"早起在海河边跑一圈，好像汲取了一些正能量，接下来的一天，我的心情都会很好。"她如是说。毕竟，每天在家照顾孩子、料理家务，想控制自己不发火、不唠叨是真的很难，但早晨跑跑步，给自己一个美好的开始，接下来的一天就会好过一点儿。

好朋友有时就是这么令人惊喜地"同步调"，因为我最近也发现了一个调节心情的好办法。

事实上，最近每天早上醒来后，我一般不急着起床，而是先看半小时左右的书。这几天我在重读《傲慢与偏见》，我发现这本书真的非常幽默风趣，作者很多充满智慧的语言总能让人忍不住会心一笑。偶尔我也会读一两首灵动的小诗，用心感受一下文字的魅力。早上的阅读对我来说不仅可以醒脑，同时也会给我这一天奠定一个平和的基调。

每天抽出些时间，做一件让自己心情愉快的事情，我把它称为"给心情充电"。

有个朋友喜欢写大字。每天晚上临睡前，她都会临摹两页字帖。那时已经结束了一天紧张的工作，临摹字帖可以让她纷乱的心情沉静下来。

先将毛笔吸饱墨汁，再轻轻地刮去多余的墨，当一个个的大字跃然纸上，负面情绪仿佛也被墨汁吸收了。最后一笔写完，她的心情已经重归美丽。现在，睡前临帖已经成为她的睡前仪式。

我越来越觉得，找到一件可以让你心平气和、甘之如饴的事情，并坚持去做，是很有利于你自己以及家人的身心健康的。

每天拿出一点儿时间，哪怕半个小时，交给你喜欢的那件事，你这一天就会和以往大不一样，套用一句网上流行语就是：

你的日子会变得闪闪发光。

# 02

人生在世，很多事情我们无法做主，可心情却可以由自己掌控，面对生活中的种种迎头痛击，那些能让自己从消沉的情绪中迅速复原的人，才是真正的赢家。

我们小区有个阿姨，每天傍晚六点都会准时围着院子里的两栋楼快走。她一般会走十圈左右，走完大概需要半小时，每次走完，她都会微微出汗。

阿姨平时要看孙子，还要做饭、做家务，可是她依然坚持每天抽出半小时来快走，目的有两个：第一，是为了锻炼身体；第二，每次快走完，她都觉得心情特别舒畅。从科学的角度讲，是运动分泌了让心情变好的多巴胺，阿姨不一定懂这个原理，却发现了这个秘密，于是每天坚持，并形成了习惯。

另一个朋友则坚持每天睡前做四十分钟瑜伽，在舒缓的音乐声中，不但身体得到了舒展，心情也舒展了。她原先睡眠不好，有一次她偶然发现睡前练四十分钟瑜伽有助睡眠，她就坚持了下来，到现在她已经坚持五年了。

我老公治愈不良情绪的"药"是喝茶。每天晚上，他都会给自己泡一壶，有时是红茶，有时是绿茶，用他自己的话说就是，无论今天经历了什么糟心事儿，只要泡上茶，他就觉得日子还能过下去，明天可以继续该干吗干吗去。

为什么有的人看上去比我们活得更心满意足？为什么有的人看上去总是正能量满满？或许，他们只是抽出了一点儿时间，做了一些让自己心情愉快的事情。

每个人爱好不同，需求也不一样，只要能让自己心情变好，多尝试一些东西未尝不可，可以是运动，也可以是读书、听音乐，甚至是吃点儿自己喜欢的东西。

前段时间看韩剧《爱的迫降》，女主心情不好的时候就会吃巧克力，一块巧克力入口，伴随些微苦涩的甘甜，心情仿佛也得到了抚慰。

## 03

生活俗称"过日子"，既然每天都要"过"，何不让自己每天好过一点儿？开开心心地过，当然比闷闷不乐地过舒服得多。

所以，我们一定要学会哄自己开心，学会转换自己的心境，努力保持心情平静、愉悦，这是一件很了不起的事情。每大做一件让自己开心的事，显然有利于达到这样的目的。

一个朋友说，孩子写作业时，总是莫名其妙地哭，孩子一哭，她就烦躁，忍不住想发火。后来她干脆给自己戴上耳机，把她喜欢的摇滚乐调到最大音量，她发现听完几首摇滚乐，心情竟然平静了，竟然又可以心平气和地跟小朋友对话了。

后来再遇到这种情况，她就戴上耳机，还把音乐放到最大声，她的理解是，糟糕的情绪能随着喧嚣的音乐发泄出去。

一个朋友则说，她让心情变愉快的方式是泡热水澡，她不止一次地跟我说，装修房子时装浴缸是她做出的最正确的决定。他们家的卫生间原本有点儿小，老公担心浴缸装了也不会常用，白白浪费地方。可她却觉得泡热水澡是一种享受。后来她发现，这个浴缸简直是她利用率最高的东西之一：和老公吵架了，跟同事闹矛盾了，孩子不好好写作业了……这些烦恼都可以通过一个热水澡解决。她喜欢水温稍微高一点儿，不用红酒，不用香熏，只要在水汽氤氲中泡上二十分钟，心情就会雨过天晴，仿佛脱胎换骨一般。

人生那么长，找点儿让自己开心的事情做吧，它不但是不良情绪的解药，还会帮你储存正能量。坚持去做，让它随时慰藉自己，甚至让它成为你生命中的氧气。

# 不随便麻烦别人，是一种美德

## 01

在微博上看到一个好玩的话题："大家都来澄清一下自己专业并不能做的事吧。"我看完一下子乐了。

春节期间，七大姑八大姨聚到一起，难免会问："你学的什么专业？"

有经验的人都知道，这其实是个很危险的话题。因为，一旦你的专业很"有用"，你可能就会被免费"用"了：

你的专业是英语？快帮我女儿补补英语吧；软件工程？帮我看看我家电脑是怎么回事；导游？下次能不能帮我捎点特产；历史？来帮我看看这个茶壶是哪个朝代的；广告设计？那你帮我设计个 LOGO 吧……

先不讨论我们应不应该免费为他人服务，最关键的是，有很多事情并不是学这个专业就会的啊。

我早就发现了，不只是被问到学什么专业，偶尔被问到在哪儿上班、做什么工作，也是件蛮"危险"的事儿。

一个朋友在某知名景区上班，动辄就有人问她有没有"免费"或"便宜"的门票。她有工作证，是可以从工作人员通道免费进入景区的，但仅限于她自己。她自己的家人进出景区都需要买票，而且从不会"便宜"。作为一名普通员工，让门票变得"免费"或"便宜"，这压根儿不在她的能力范围之内。其实道理很简单，好比在银行上班的人，并不可以随便拿银行里的钱；在超市上班的人，也不能随便拿超市里的东西。遗憾的是，很多人一听说朋友在景区上班，就会两眼放光地问她要"免费票"。

这样的例子在生活中并不少见，我老公也遇到过一件令人尴尬的事儿。

几年前他还是物理老师时，有次我们去亲戚家串门。亲戚问："你是物理老师，应该会修开关吧，我家电灯的开关坏了，你能帮我修一下吗？"老公表示自己不会。

对方一脸不相信的样子："物理课上不是要讲电路吗，你怎么连开关都不会修？"

老公无奈地解释："物理老师和电工是两个工种。就像学环境工程的，并不一定能修下水道一样。"

亲戚依然很不解："可是你要教电路啊……"

可是懂理论并不等于会实际操作，就像会画装修图纸的人，不一定能抹墙一样。

## 02

不少人打听你的专业或工作，其实是为了给自己谋取便利，说白了是想有朝一日可以为他所用，甚至是免费用。

他们指不定哪天一个电话打过来："你能帮我个忙吗？"如果告诉对方，这件事在自己的能力范围之外，他还会不信，会自动理解为你高冷、不爱帮助人。在他们心目中：反正你是学（做）这个的，这对你来说就是举手之劳，帮帮忙怎么了。

有些事情，虽然我们学的是相关专业，可却真的做不来，另外，就算我们会做，也没义务给对方当免费劳动力啊。

我也遇到过这样的情况。

一个不太熟的朋友跟我说："你文章写得那么好，可以帮我写个年度总结不？"

其实，我自己就不爱写年度总结，以前每次单位让写，我都觉得头大，因为写年度总结真的是个技术活儿，要把过去一年做过的大大小小的事情，升华总结一下，关键在夸自己的同时还不能显得骄傲，又要表决心，又要表忠心，每次写起来都很痛苦。

我说我写不来，对方却说："你就别谦虚了，你闭着眼写写，也比我写得好……"

可是，会写文章，不代表总结、计划、悼文、讣告样样都能写啊。至于闭着眼写文章，谁有那么大能耐，当我是神仙吗？更不要提，咱们又不熟，有帮你写总结的功夫，我陪陪家人不好吗？

## 03

幸运的是，随着社会的发展，越来越多的人开始变得界限感分明，轻易不麻烦别人。

不轻易麻烦别人，是一种美德。

说实话，现在很多事情，无论是装电灯、辅导孩子做作业，还是接送孩子等，都有专业的服务。所以我们没必要让亲戚、朋友或熟人做自己的免费劳动力。大家都有工作、有家庭，首先时间上不一定方便，其次，就算方便，人家也不一定愿意帮忙。因为自己的事情搞得别人头大，给别人添堵，这又何必呢？

我曾不止一次地听人说，"能用钱解决的问题，没必要动用关系和人脉"。

此言甚是。

记得有一次我去单位加班，但是没有单位门的钥匙，我去同事家取或同事给我送过来都不方便，我着急地说："要不我去你那儿取吧，你就别费事跑一趟了。"结果同事说："不用，你在单位楼下等着，我想办法。"后来，她叫了辆出租车，让司机给我把钥匙捎了过来。这个方法真聪明，我当时都没想到。而现在就更方便了，市场上各种跑腿服务层出不穷，早就成了人们生活的常态。

其实很多事情都是可以用钱解决的。钱不是万能的，却可以让你省时、省力、省心。

当然，人生在世，有些"麻烦"是无可避免的，我们既可能麻烦别人，也可能被别人"麻烦"。有些忙，再麻烦也要帮，但是有一个前提：主要看关系。

关系好或关系近，再麻烦，咱也没二话。比如，我妹让我给她女儿小锦辅导作文，再忙我也会热心教。就怕关系不近不远的人找你当免费的劳力，拒绝吧，你会得罪他，不拒绝吧，且不说有的事情的确在自己的能力范围之外，有时候劳心劳力帮半天劲儿，除了几个"谢谢""辛苦了"，啥也得不到，因为对方觉得你不过是"举手之劳"。

不随便麻烦别人，不占别人便宜，这是一个人最基本的修养，希望你我都能有。

# 别让离职时的表现，拉低你的人品

## 01

我表妹年前离职了。离职原因并不复杂，他们单位的事情又多又杂，动辄加班，偏偏表妹的直属领导又是个低情商的主儿——有了功劳全是他的，出了瑕疵都是下属无能。

有一次下班后，那个领导要求表妹帮他做数据分析，并一再强调十万火急。于是表妹在家加班加点地做完，并于凌晨两点左右发给了他。结果第二天开会，大领导发现那张表上一个小组的名称写错了，表妹的直属领导竟当着所有人的面训斥表妹："小学生都不会犯这种低级错误，你是猪脑子啊。不对，猪都没你笨。"

表妹觉得，自己犯了错被批评几句是可以接受的，因为的确是她的错嘛，可是何必把话说得那么难听、那么伤人自尊呢？

表妹一气之下动了辞职的念头，刚巧她一个同学所在的公司正在招人，同学向人事部引荐了一下，表妹就被录取了。

表妹去辞职时，那个骂她的直属领导说："你要去的那家单位也就那样，乍一听待遇比咱们高，其实绩效标准定得也高，据我所知，稍微有点儿头脑的人都从那家公司出来了。"

表妹是这样回答的："谢谢您这么长时间以来对我的关照，也谢谢您的善意提醒，我会好好考虑的。"

"天哪，他那么骂你，你竟然还谢他，我要是你，反正都要离职了，我肯定大骂他几句解解气。"表妹的同学听后愤愤不已。

表妹笑笑："我都是要走的人了，何必说这种给人添堵、于自己也不利的话呢？再说了，虽然他很不厚道，可我这次离职离开的不只是他，还有这家公司。我在这家公司待了四年，这是我职业生涯中非常重要的一站，在这里我得到了锻炼，也学到了很多东西，否则我怎么会轻易地找到新工作呢？所以，对这家公司，我是很感激的，我不想因为一时之气而让彼此难堪。"

听了表妹这段复述，我忍不住为她叫了个好。

俗话说，"做事留一线，日后好相见"。既然是同行，那么日后就很有可能"江湖再会"，纵使没有说出"谢谢您一直

以来对我的关照"这种话的气度，也没必要过河拆桥后再补上
一记"黑虎掏心"，从此成为冤家吧？

## 02

我在上一家公司工作时，有个姓黄的姑娘离职时就闹得极
不愉快。

黄是新员工，入职快一个月时，一家公司在网上看到了她
的简历，打电话让她去面试，于是这姑娘请了半天假就去了。
当时对方问她是否在职，可能是太想去那家公司上班了吧，她
就谎称自己是离职状态，于是对方提出让她下周一入职。

注意，她是在周五的上午面试的，所以，下午下班时，她
突然就提出了离职。虽然她还没过试用期，但我们公司是个小
公司，一个萝卜一个坑，她突然离职，把我们搞得措手不及。
问她为什么突然要走，她就扯了个谎，说男朋友出了车祸，她
必须去男友所在的城市照顾他。不知情的领导还试图挽留："这
段时间给你算成请假行不行？"她一副十万火急的模样，说男
友出了车祸，也不知道什么时候能痊愈，她有可能再也不回西
安了。领导又让她交接一下工作，她就说所有文件都在电脑桌
面的文件夹里，还说一个小时后要赶火车。这种情形，领导也
不好强留，只好让她走了。

　　她走后，她手上的活儿就只能分摊到我和同事小A身上了，这时我们才发现，之前交给她的工作很多都是干了一半儿，因为不熟悉她的思路，导致我们后边的工作开展起来困难重重。

　　非常巧的是，有一次小A去表姐的单位找表姐，竟然看到了"必须去外地照顾出了车祸的男朋友"的黄姑娘，小A心里顿时明白了个七八分，再问表姐黄姑娘的入职时间，果然是从我们公司离职的两天后。

　　的确，我们公司的待遇不如小A表姐的公司，有待遇更好的公司抛出了橄榄枝，我们也不强留，但黄能否正常交接一下呢？哪有今天说不干了，当天就拍屁股走人的？你给前东家留几天时间招人不行吗？最可气的是，她竟然信口开河，漫天撒谎。

　　除非万不得已，离职一定要提前打好招呼，给自己留出交接时间，给原公司留出招人时间，这是最基本的素养，如果连这点儿素质都没有，那只能说人品堪忧。

　　职场不是小孩子过家家的地方，"说走就走"是极不负责任的表现。诚然，已经离职了，你可以不在乎老东家怎么看你，但丢个烂摊子让其他同事来收拾，良心真的不会痛吗？

# 03

　　天下没有不散的筵席，无论是对个人还是对企业来说，员工离职都是再正常不过的事情。对员工个人而言，很多人在离开旧单位时，有可能积攒了一些怨气，甚至心底"哇凉哇凉"的，辞职时无异于脱离苦海，恨不得马上走人、永不相见。这种情形下，要如何与老东家好聚好散呢？

　　可能有人会想，反正老子也不干了，之前受了那么多窝囊气，这次也让他们不爽一下呗，谁怕谁？

　　我听过最夸张的一件事儿，是一个人离职时掴了主管一个耳光，然后把门一摔，"扬眉吐气"地离开了。然而，整个公司的人看着那个"飒爽"的背影，除了摇头，就是叹息。

　　都说分手见人品，离职又何尝不是如此？好聚好散，是一种气度，更是一种修养。

　　我还听过一段有意思的"离职宣言"，有个人在某单位工作了十年后，临走时口吐狂言："将来老子要杀回来，挨个儿把他们虐一遍。虐死他们！"

　　这个人口中所谓的"他们"，是指他曾经的几个领导，他口出狂言的原因是他即将就职的公司比现在的公司更大，财力更强。

只不过是攀上了一个更财大气粗的东家而已，去到那边依然是在打工，何必把话说得这么满，气焰又如此嚣张呢？

好好说声再见，毕竟你曾在那里挥洒过汗水。如果把曾经的公司说得一文不值、不堪至极，那么，你曾经的付出，曾经的热血，曾经因为一点点成绩而兴奋得辗转难眠的夜晚，又算什么？当你与原公司撕破脸皮，你否定的不只是老东家，也是你个人的努力以及曾经的付出啊。

好聚好散，争取在离职时画上一个完美的句号，这是一种职业精神，更是一种美德。

# 对亲情绑架说"不"

## 01

小竞最近遇上一件闹心事儿。

大概八年前，弟弟想买辆车跑出租，小竞便给他打了三万块钱。那三万块是小竞当时的全部积蓄，把钱转给弟弟后，她的全部家当只剩五百块钱，仅够当月的生活费，甚至不久后交话费的钱都是向同事借的。

这些年来，小竞从没向弟弟要过这笔钱，包括前些日子买房向好友、同事借钱时，都不曾提过让弟弟还钱，因为小竞知道，弟弟手头并不宽裕，所以压根儿也没打算让他还。

可说实话，自己买房，弟弟连"钱够不够，要不要帮你想想办法"之类的话都没跟自己说过，这让小竞多少还是有点儿寒心的。毕竟八年前，她为了弟弟可是倾其所有啊。

前几天外婆过生日，小竞家里聚会，席间小竞的大姨突然问弟弟："你之前买房借的钱，是不是还没全还上？"只听弟弟回答："都还上了，早就还清了。"

这话听在小竞耳里，极其刺耳：什么叫"早就还清了"，虽然我从不指望你还钱，但你也不能擅自把这笔账一笔勾销啊！

小竞就这么一个弟弟，父母一直挺娇惯弟弟，内心深处当然也希望小竞"扶弟"，她也是明白这点的。可是，为了让弟弟争点儿气、加把劲儿赚钱，小竞从没说过"不用还"之类的话，万万没想到，人家压根儿就没打算还。

我没打算让你还是一回事，你压根儿没打算还就是另外一回事了。

想到前些日子自己买房时犯的难，想到弟弟当时不闻不问的态度，再看到弟弟现在这副理所当然的样子，小竞越发觉得憋屈。

## 02

有句话叫"亲兄弟，明算账"，在借钱这件事上，尤其要如此。

如果亲人的经济条件没自己好，那么主动帮衬是情义，如果对方也领情，那么大家心里都舒坦。怕就怕，对方不但不领情，还觉得你的帮衬是理所应当的：你那么有钱，我是你的血肉至亲，你帮帮我怎么了？

一个读者说，自己家条件相对好些，三年前老公创业，开了一间小公司，其实规模并不大，可全家人都以为他们"很有钱"。

大伯哥最过分，不但借钱从不还，还让老公给他在公司安排了个工作，名义上是"工作"，实则是混日子。既然是亲兄弟，公司的事就应当尽心尽力、努力帮衬，可这位大伯哥却每天迟到早退，公司的事儿啥都不管，整个儿一副大爷模样。

有一次大伯哥要去交汽车违规罚款，共计 1000 多块钱，可他磨叽了一个多小时就是不去，一直在老公面前念叨是因为给公司办事才违规的。

问题是，我是让你去办事了，可我没让你违规啊？老公却觉得怎么着也是自家哥哥，有些话不好意思说出口，只得主动把所有的罚款都替他交了。

读者说："赡养父母是应当的，这是我们的义务，可养大伯哥让我有点儿接受不了，他身体健康，智力正常，怎么就那么心安理得呢？自家兄弟，把事儿挑明了说吧，怕伤了和气，不挑明吧，一肚子憋屈。"

最让她感到憋屈的是，对于他们夫妻二人的帮衬，公婆却觉得：你们家条件好，帮帮大哥是应该的。

看吧，归根结底，每个"无赖"的兄弟姐妹背后都站着一对过分偏心甚至不明事理的父母。

所以，如今大伯哥已经五十多岁了，离异后的他不但从不帮父母干活儿，还心安理得地长期在父母家蹭吃、蹭喝、蹭住。

## 03

很多父母都认为，条件好的子女应该帮衬一下条件差的子女。其实，帮衬可以，可帮衬并不意味着对方可以心安理得地向自己伸手要。

第一个故事里，据小竞说，父母总觉得她弟弟条件困难，手头紧，总是明里暗里地让小竞多照顾弟弟。

小竞在北京工作，收入是比弟弟高一些，可她消费也高啊，除去房租、通勤、吃饭、穿衣等费用，每个月算下来，其实剩不下多少钱。

可父母不这样认为，他们心疼弟弟拖家带口地处处要花钱，总觉得单身的小竞完全没有经济方面的压力。所以，弟弟结婚，小竞要出钱；弟弟买房，小竞要出钱；弟弟买车，小竞依然要出钱……这些钱弟弟从来没说过还，父母也从来不提。小竞工作这么多年，挣的钱全贴补给了弟弟，可以说，小竞就是现实版的"樊胜美"。

第二个故事中提到的读者，因为家里开了一间小公司，公婆一直觉得他们条件好，帮助哥哥是应当的。可父母不知道的是，小儿子压力其实特别大，公司业务不好，他经常大半夜地坐在阳台上猛吸烟，这几年甚至开始失眠、脱发。

大哥在公司混工资、混日子，公婆自然也是不知道的，还美其名曰：自家人挣自家的工资，总胜过"肥水流进外人田"。

就因为这些偏袒，就因为这些不明事理的父母总是无底线地护着，自以为"弱势"的一方愈发地心安理得。

所以说，大部分"不自觉"甚至"无赖"的亲人，全是不明事理的父母惯出来的。

相反，那些明事理的父母是怎么做的呢？

## 04

好几年前，晓宁曾借给老公的弟弟 12000 块钱。

去年小叔子还钱的时候，却只还了 10000 块整。晓宁说："我记得那笔钱是有零有整的，不是 10000 块。"小叔子却一口咬定就 10000 块。

晓宁有点儿生气，但是因为当时没写借条，对方又是老公的亲弟弟，于是打算"算了"。

这时晓宁的婆婆却说，她印象中这笔钱也是有零有整的。

老太太还说自己应该存有记录，因为当时这笔钱是她去银行帮忙取的。老太太心细，把钱给了小儿子后，便在自己的记账本上写了一笔：某年某月某日，代大儿子取了一笔钱，借给了小儿子。数额白纸黑字清清楚楚写的是 12000 块钱。

晓宁说："弟弟这几年工作一直不顺利。我们两口子已经商量过了，这钱说不要就是不要了。"婆婆却说："你们不要是你们两口子仗义，但是得让他明白你们这份情义，不能当作没有这回事。"婆婆把小叔子叫到跟前训斥道："这年头，除了至亲好友，谁会借钱给你？不能让人家帮了忙却吃了暗亏。咱们难是一回事，但是不能不讲理、不感恩。"

相比那些拎不清的父母，这位婆婆多么明事理啊。这种情况如果换成那些喜欢和稀泥的父母，可能完全不管事实真相是什么，一律"以和为贵"，而不会去想，即使经济条件好的子女，钱也不是大风刮来的，也都是自己辛辛苦苦打拼来的。

话说回来，很多人把钱借给至亲，是因为珍惜这份血缘，哪怕自己为难，也要帮帮对方。一方付出，一方珍惜，这才是手足之情。如果对方不知珍惜、不懂感恩，那只会让这份手足之情慢慢变凉。

# 永远不要让你的情绪失控

## 01

一天晚上，李某在外应酬，妻子赵某打电话给李某，让他在回家的路上给她买个鸡腿吃。谁承想，李某吃完饭就忘记了这回事，径直回了家。因为没带回鸡腿，夫妻俩发生了口角，后来争吵升级，俩人从家中吵到楼下，并且扭打成一团，赵某一气之下从家中拿了一把水果刀刺向李某，导致李某当场死亡。

看完这个新闻，我内心十分震惊：这夫妻俩是有多大仇，因为一个鸡腿闹得你死我活的？

继续查阅相关信息，我发现，新闻中的夫妻俩结婚多年，平日里会有口角，但远不至于动刀子。这次赵某谋杀亲夫，实际上就是他们夫妻二人因为一个鸡腿而牵扯出许多旧事，越吵越气，最终导致赵某在盛怒之下失去了理智，情绪失控才酿成了惨剧。

这件事让我想起一件旧闻，某地一对 80 后夫妻因琐事争吵，妻子赌气跳楼身亡。随后经过警察的一番调查，事情却发生了反转：原来这位妻子不是自杀，而是他杀，而杀死她的，正是她的丈夫——小李。

据小李事后交代，因为吸烟的事和妻子吵起来后，他的火突然就上来了，抱起妻子就要往 5 楼的阳台外扔，这个过程中，半个身子已经翻出阳台铝合金窗的妻子，本能地用手紧紧抓住窗户外的栏杆，而当时他气昏了头，用力掰开妻子抓住栏杆的手，往下一推……

"如果我当时能冷静一点点，也许就不至于犯下如此大错！"小李悔不当初地说。

失控的情绪有时会变成凶狠的刀，类似的新闻相信大家看过不少。

一位丈夫在旅途中和妻子发生口角，赌气将妻子丢在了高速公路上，身无分文的妻子无奈之下只能向民警求助，民警致电这位丈夫后，他才折回来将妻子接走。

一位家长因为孩子考试没考好，打骂了孩子几句，结果越打越来气，后来竟活活把孩子打死了……

# 02

人在极度愤怒之下，是极容易失去判断力的，我也体会过那种极大的愤怒感。

因为女儿当时属于满地爬的阶段，所以我常常一遍又一遍地擦地，以保证地板干净。那天老公下班回家后，完全不理会我刚刚擦好的地，穿着鞋就往屋里走，我让他去门口换鞋，他还不耐烦地把鞋脱下来扔到了门口。看到这种情况，我着实觉得受到了侮辱，瞬间勃然大怒："我一天天地跪着、爬着擦好几遍地，还不是为了你那什么都往嘴里塞的闺女？你不体谅就算了，还扔鞋？甩脸子给谁看呢？"

我当时真的非常生气，立刻就动手去撕老公了，边拉扯他边说："你看你这素质，而且还当着儿子的面！你这就是告诉儿子，他的妈妈可以被这样无理地对待，将来他也可以这样对待他的老婆，你同时也是在告诉女儿，将来她老公也可以这样对她！"老公估计是看出我真的动怒了，马上服软给我道歉了。

后来我想，如果那个时候他不向我道歉，我真的不知道我会做出什么事来，因为我感觉当时我所有的血液都冲到了头顶，如果我手边有个棍子，我肯定顺手就抄起来揍他了。

盛怒之下，真的难言理智。

一个读者曾经讲过自己的经历，她老公有段时间做生意赔得厉害，于是借酒浇愁，经常喝得酩酊大醉。

那天老公又醉醺醺地回家，她刚收拾完房子，老公就吐了一地，她骂了老公几句，老公立刻回骂她，两个人越吵越凶，这时老公竟用双手扼住了她的脖子。她说那个瞬间，她甚至感受到了片刻的窒息。幸运的是，这时老公手机突然响了，老公猛地松手，理智也慢慢回来了，忙跟她道歉。

她严重怀疑要不是那个电话，她可能就小命不保了。人在气头上，真的会酿成大错，遗憾的是，这世上没有后悔药，即使是无心之过，酿成大错也同样需要付出代价。

所以，学会控制自己的脾气，真的很重要。被情绪掌握，很容易钻牛角尖，甚至陷入疯狂的深渊，这时候我们切记要冷静，以免走极端。

世上没有过不去的坎儿，有时候可能只是蒙头大睡一觉之后，就会觉得眼前光明了很多。

奥里森·马登在《一生的资本》中曾说过："任何时候一个人都不应该做自己情绪的奴隶，不应该使一切行动都受制于自己的情绪，而应该反过来控制情绪，不管情况多么糟糕，你应该努力去支配你的环境，把自己从黑暗中拯救出来。"

愤怒不可怕，可怕的是从不去控制它，而是由它来控制你。

# 03

生而为人，谁没个脾气呢，尤其像我们这种涵养一般的普通人，以性情中人自居，生了气不喜欢藏着掖着，恨不得让全世界都知道：我生气了。

殊不知，一旦我们发觉发脾气是件"了不起"的事情时，原本只有五分的气，也会恨不能发出八分来，而此时如果对方也不肯示弱，那就好比两只牛顶架，非撞个头破血流不可。

遗憾的是，发脾气其实解决不了实质问题。

弱者被情绪绑架，强者却从不肯做情绪的奴隶，而是强势掌控自己的情绪。

不是说强者从不会情绪失控，而是他们善于体察自己和别人的情绪，发现情绪失控时，及时刹闸，从容转身。

所以，发现自己情绪失控时，一定要唤回理智，免得后悔莫及。

有一句话说得好："遇到事情，先处理情绪，后处理事情，情绪处理不好，事情会更糟。"在情绪糟糕的时候，我们很难有理性的判断，甚至可能做出让自己后悔终生的决定。

曾看过一个故事，一位父亲和儿子关系不是很好，有一次父子发生争吵，父亲一气之下让儿子滚蛋，还说永远别回来。

儿子在盛怒之下真的"滚蛋"了。其实父亲很快就后悔了，但儿子却一直不肯原谅父亲，直到父亲去世，都没有回来。

所以呀，不要在情绪失控的时候做出任何决定，宣布任何事情。

另外需要注意的是，当发现别人情绪失控时，我们不要继续挑衅。

所谓的"挑衅"，就是对方在气头上时，对方不喜欢什么，你偏要做什么。这就是找不自在了。

相信很多人都注意过影视剧里的打架场面，一方明明已经很生气了，另一方却偏偏嫌气得不够，一个劲儿地在旁边刺激他："你打，你往这儿打，不打我就看不起你。"这种类型的挑衅，除了会引得对方大打出手，根本没有一丁点儿好处，何必一定要做这种无意义的挑衅呢？

在面对别人的怒气时选择避让，这不是懦弱，而是权衡利弊后选择对自己最有利的结果。

学着掌控自己的情绪吧，只有我们掌控了情绪，才能真正地掌控自己的生活。

# 减肥这件事，其实并不难

## 01

在女性同胞中，"减肥"是个永恒的话题。

一旦有人抱怨肚子上全是肉，其他人一准儿会纷纷附和："我也是啊！大腿太粗，小腿也不瘦，胳膊更是传说中的'蝙蝠臂'……"

嚷嚷着减肥的，有的是真胖，有的是本身并不胖但就是想再瘦一点儿。

当大家进入瘦身畅想阶段，开始讨论哪种减肥药有效或者哪种塑身衣管用时，我都会告诉大家："要想瘦，就要'管住嘴，迈开腿'，别整天整那些邪乎的，回头伤了身体可就得不偿失了。"遗憾的是，这时总有人反驳我："道理我都懂，可我意志力太薄弱了，既管不住嘴，也迈不开腿。"

前同事就是一个意志力薄弱的人，她曾付费去一家减肥机构，减肥机构以按摩减肥为噱头，同时要求严格按照他们提供的食谱进餐。那个食谱我只看了一眼就饿得头晕眼花：早上是两个鸡蛋蛋白、两根小黄瓜；中午是素炒西兰花、豆芽菜、一个馒头；晚上是一个苹果、一个西红柿。也就是说，全天唯一的主食就是中午那个馒头，并且菜还要限量。

我觉得如果严格按这个食谱吃，坚持吃上一个月，估计谁都能瘦二十斤，这个减肥机构名义上是按摩减肥，实际上却是"饥饿疗法"，于是我建议她不要上当受骗。

前同事是这么回答我的："我知道按摩可能只充当了个安慰剂的作用，我交钱的主要目的是让他们监督我节食，因为他们管理很严，每天晚上都要去称体重，还会专门打电话提醒我注意饮食。我需要他们监督，因为我自己曾多次尝试节食减肥，但没有一次能成功。"这姑娘还说："我意志力太薄弱了，只能靠别人监督。"

知道为什么女人的钱比较好赚了吧？因为大部分人即使知道怎样做是正确的，依然不肯去做。遗憾的是，坚持半个月后，她又失败了，因为实在太饿，她时不时地偷偷放开胃口大吃特吃，以至于那笔钱又白交了。

经典管理名著《杰克·韦尔奇自传》一书中有一句让人醍醐灌顶的话："你们都知道了，可我们做到了！"

为什么有的人看上去比我们优秀呢？不是他们懂得更多，而是他们坚持去做了。当有人把大家都知道的事情做到极致时，那我们就只能望其项背了。

减肥又何尝不是如此，有没有奉行"管住嘴，迈开腿"的原则，注定了你能否获得并保持理想中的身材。

## 02

我想给大家介绍一位我很钦佩的偶像，她叫 Ernestine Shepherd。

现年 80 多岁的 Shepherd，56 岁才开始她的运动生涯。在这之前，她一直都很胖，而且不怎么运动，直到 56 岁时的一次购物经历，才改变了她。

那天 Shepherd 和妹妹一起去买泳衣，她们选中的漂亮泳衣穿上身之后却让臃肿的身材暴露无遗，Shepherd 顿时感到无地自容，身材同样走形的妹妹也觉得十分尴尬。于是姐妹俩约定开始健身，并以简单的跑步开始了运动之旅。遗憾的是，这期间妹妹因病去世了，Shepherd 一度非常消沉，放弃了运动。这时丈夫鼓励她："妹妹没有完成的愿望，你可以继续替她完成。"

Shepherd 仿佛被点醒了，重新以更大的热情投入到运动中，从此她生活的一大主题就是"练、练、练"。功夫不负有心人，74 岁那年，Shepherd 成了吉尼斯认证的"最年长健美运动员"。

一个普通的胖老太太，通过自己的努力付出，终于拥有了18 岁少女般的身材，是不是很励志？这不是一件容易的事，所以更值得我们钦佩。

Shepherd 梦想成真后，成了一名健身教练，你知道在她的健身课上最年长的学员有多大吗？89 岁。

你看，89 岁的人都在为了身材而吭哧吭哧地挥汗如雨，你又有什么理由让自己在沙发上"葛优瘫"呢？我们普通人并不需要健美冠军那样完美的身材，所以我们只需要在管住嘴的同时，坚持有氧运动和无氧运动的结合即可。

运动并没有我们想象中的那么难，很多时候，我们欠缺的只是一个开始和一份坚持。

## 03

事实上，运动也不需要多少本钱，你甚至不用去健身房，一根跳绳、一双运动鞋就可以开始你的健身之旅。

我认识一位妈妈，和我一样，她也是个二胎母亲。因为孕期没控制好，她体重一下子长了四十多斤，肚子上的肉尤其多。有一次，上幼儿园的大宝问她："妈妈，你肚子里是不是还有一个宝宝？"这件事深深地刺激了她，她决定通过运动来减肥，而她运动的方式很简单，就是每天送大宝上学后，推着小宝在附近公园里快走四十多分钟。坚持了三个月后，她竟瘦了十斤。

是不是觉得挺不可思议？

实际上，对于不常运动的人来说，一旦开始运动，再适当地控制饮食，变瘦真的不是一件很难的事儿。

别总给自己找借口，"太忙""太累"都是托词，"太懒"才是事实。

以另一个朋友为例，他很喜欢跑步，可他是做销售的，动辄出差，按理这对喜欢运动的他来说是个很大的障碍，可是，他从没放弃过跑步，无论去哪儿，行李箱里的必备物品之一就是跑鞋。他的朋友圈经常晒跑步轨迹，今天可能在武汉大学樱花树下跑步，过几天可能在西湖"刷圈"，可以说是出差到哪儿就跑到哪儿。

所以，问题的关键最终还是你要不要改变，如果你下定了决心要改变，加之以足够的自律，那么再忙都会抽出时间来的。

## 04

我认识的一个姐姐，一年前开始跳广场舞，她是一名教师，经常久坐，所以颈椎不是很好。她开始跳广场舞是被妈妈拉去的，妈妈想让她活动活动僵硬的胳膊腿儿。

结果跳了一个月的广场舞以后，她不但脖子没那么僵硬了，上秤一称，还瘦了好几斤，这对她来说简直是个令人惊喜的意外收获。于是，她开始风雨无阻地跳起了广场舞，坚持一年后，她又瘦了十五斤。

三十岁以后，我们的身体便开始走下坡路，每一个好身材的背后，都是面对垃圾食品时的自觉抵制，不用别人监督，便自觉去跑步、跳绳……

管理体重并没有我们想象中的那么难，只需要一份自律和一份坚持。

如果决心改变，在别人坐着边嗑瓜子边看电视时，你会站着甩胳膊扭腰；在别人吃炸鸡喝小酒时，你会选择无油无盐的水煮菜；在别人刷手机玩游戏时，你宁肯去健身房跑步。

不想运动的人总能找到借口，想运动的人在你找借口的时候，就已经开始动起来了。记住，你身上的每寸赘肉，都是你向懒惰和生活妥协的标志。

# 机会，是给敢拼的人准备的

## 01

看到一句话："那些硬着头皮做的事，终究会让你成长。"我心有戚戚焉。

所谓"硬着头皮做的事"，自然是指那些看上去让人觉得头疼却又不得不做的事。的确，很多时候，我们除了往前冲，别无选择。有个更形象的词可以形容这种情况，那就是"赶鸭子上架"。

我以前有个女领导，人长得美，做事也非常干脆利落，她曾经给我讲过她刚毕业时被"赶鸭子上架"的经历。

那时她才刚到一家公司就职不久，就被派去北京出差，临出发前，上司突然说："那个×××这几天要在北京体育馆演讲，你去听听，顺便问问他愿不愿意到西安发展？如果愿意，咱们和他合作。"

上司提到的"×××"，在一个刚毕业的女孩儿眼中，那是个非常大的"腕儿"。自己去问他愿不愿意合作？人家知道我是干啥的啊！我算哪根葱啊？这就是那个美女领导当时的真实想法。

她上司的语气非常轻描淡写——用的词是"顺便"，上司还安慰她："你不用太紧张，试试嘛，他拒绝了你，咱们也没什么损失，但是他一旦同意和咱们合作，你可就成咱们公司的功臣喽。"

她可没想着成为什么功臣，只想着既然上司布置了任务，那就尽力一试吧。

那天，她一大早就跑去北京体育馆占位子，全程支棱着耳朵，争取不错过大腕儿说的任何一个词。大腕儿演讲结束后，她麻溜儿地跑到讲台上，跟大腕儿说明自己的来意，大腕儿怔了一下，说："接下来我在某某学校还有一个演讲，要不等我活动彻底结束再和我谈？"她惊喜地说："好啊，好啊！"于是马上打车去另一个场地等大腕儿。演讲结束后，她再次冲上讲台，和大腕儿详述西安的环境优势和自己公司的实力。出乎意料的是，大腕儿想了想竟然说："我过两天会去西安，到时去你们公司看看如何？"

她简直欣喜若狂，因为这事儿好像真有眉目了。没几天，

大腕儿果真去了西安，并且还真的联系了她，最后合作的事儿
也谈成了。

美女领导说，其实那时她还没转正呢，压根儿没想到这
事儿能成。那次被"赶鸭子上架"的经历，直接奠定了她在同
期入职的同事中大姐大的地位——她不仅成了他们中升职最快
的，也成了公司重点培养的对象。

后来她自己开公司单干，也遇到过各种各样的困难，但她
再也没畏惧过，她总是特有干劲儿，用她自己的话说就是，两
眼一闭，往前冲就对了。

被"赶鸭子上架"，虽然完成的难度大，却不失为一次很
好的锻炼机会。

## 02

我认识的一个美妞儿，他们单位是做房地产的，偶尔会请
本地一些小有名气的名人来演讲。所谓的"名人"，其实大多
是企业家，演讲套路一般就是讲讲自己的创业史，再夸夸自己
的公司有多厉害，每次听众也就五六十个人。

有一次他们请到一个名气相对较大的企业家，这个企业家
的创业经历很坎坷，曾几起几落，非常不容易。但她想着，即
便经历再传奇，他依然是个本地的企业家，估计听众跟往常不

会有什么区别，于是她在撰写活动策划表时，听众数量那栏仍旧写的"50人"。

当时部门空降了个新领导，她瞄了一眼策划表说："这个企业家的故事我知道，非常正能量，他也很会讲，讲得特别好，你们可以多组织些人来听，反响肯定很不错。"

说完，上司就在那个"50"后边加了个0，然后问道："500个听众，场地容得下吧？"

我朋友惊得下巴都要掉地上了："头儿，咱们以前做活动，能来六七十个人就已经很不错了，500个，难度也太大了点儿吧……"

"你试过了吗？"上司打断她。

"以前都是来六七十个人呀，其中有好多还是咱们员工拉自己的亲戚朋友过来充人数的……"

"人少是因为你们一直以来对自己的要求太低了。到时给我弄500个观众过来，没得商量。"

朋友走出上司办公室后不停地在心里抱怨："100个人我还可以求爷爷告奶奶地发动亲戚朋友来参加，500个人？这也太不考虑实际情况了吧！"

后来读大学的弟弟给她出了个主意，说学校里经常会有名人演讲，每次大礼堂都座无虚席，可以考虑去学校招揽听众。于是她和同事制作了海报去高校张贴，告诉围观的学生们这个演讲多么有料，多么带劲，故事的主人公又多么励志，多么传奇。

最后，那个企业家演讲时，现场一共去了678个人，这个数字她一辈子都不会忘，她激动得泪洒现场。

据说，那场演讲还惊动了当地一家颇有影响力的报社，当新领导把报道那天盛况的报纸递给她时，她都懵了。

如果不是女上司死死咬定"500个观众，没得商量"，他们的活动肯定会一直停留在五六十个观众的阶段。如果不是亲自尝试了，她决不相信他们可以做得到。她说："有的时候，人还是要逼一逼自己。"

的确，很多时候，人的成功就是被"逼"出来的，若不是有人拿着棍子往前赶，我们不知道自己还可以跑得更快，还有更多没被开发的潜能。

## 03

除了被"赶上架"，你也可以选择主动"上架"，当有些事没人愿意做的时候，你不妨举起手说："让我来试一下吧。"

多尝试，多挑战，成功了当然是好事，失败了也没关系，至少我们努力过，至少我们知道了自己的极限在哪里。

机会，永远是给敢拼的人准备的。

# 努力提高自身含金量，前途就长上了翅膀

## 01

朋友艳子是一家公司的人事主管，她和我聊了一件最近招聘遇到的事。

艳子在一家珠宝公司上班，单位长期招聘学徒工，长期招聘是因为这个行业员工流失率颇高，艳子说公司对学徒的年龄要求是 30 岁以内，之所以有年龄要求，一是因为年轻人学东西快，二是因为这个行业从初级技工到高级技工普遍需要五到六年的磨炼时间，如果超过 30 岁，培养成本就太高了。

艳子一个朋友的亲戚想成为一名珠宝制作师，他今年 33 岁了，知道有这个年龄门槛，所以特意托朋友来说情。

艳子简单了解了一下这个人以前的履历，发现他以前从事的行业，大多是超市理货、收银、保安之类的工作，相对来说，

以前的工作技术含量都偏低。

其实艳子所在的公司，对年龄的要求倒也没那么严格，但是一个人到了 33 岁才突然痛下决心学门手艺，让她怀疑其三分钟热度的可能性极大，一个重要的参考标准就是他的履历表上，没有任何一份工作做了两年以上。

于是艳子向朋友解释，这个行业很多师傅高中毕业甚至初中毕业后就在南方小工厂做学徒，苦熬四五年后才有资本跳到大工厂或者自己开店，都是下过苦功夫的。

"此外，这个行业人员整体流失率高达百分之三十，因为学手艺需要耐得住寂寞，光入门最起码就需要半年时间，如果想做得出色，达到大师傅可以带徒弟的水平，至少需要五年，这五年内收入都不会特别高。你这个亲戚，真的沉得下心来学吗？"

朋友说亲戚以前就是吃了"沉不下心来"的亏，这次是真心想好好学门手艺，请务必给个机会。

艳子觉得如果真心想学，那也可以给他个机会。于是，朋友的亲戚入职了。可是只做了两个多月，他就提出了辞职，辞职原因艳子也没细问，问的话无非是回答这份工作不适合自己，而真实的原因类似于"吃不了苦""沉不下心来"等，估计他是不会承认的。

艳子一点儿也不觉得意外，因为自己从一开始就怀疑他是三分钟热度，她预言以他的性格，职场生涯只可能走下坡路，35 岁后很可能会找不到一份像样的工作。

"并非我武断，学历不高，没有手艺，性格也不够踏实，甚至好不容易争取来的机会也不珍惜，可不是会一直走下坡路吗？"

听完艳子的话，我沉默了，确实，如果学历不高，35 岁以后，以何谋生？

大家一定听过"35 岁现象"，不可否认，企业将用人的门槛限定在 35 岁是一种年龄上的歧视，但也需要承认，就是有些不思进取的员工，35 岁以后就开始吃老本，学习能力下降，思维模式固定……这是不可否认的事实。

## 02

小区附近的早市有个卖包子的小铺子，老板张姐做的包子特别好吃，我是她家的老顾客了。张姐的儿子马上要高考了，她告诉我儿子学习不是很好，她倾向于让儿子读技校，学门手艺，因为她和老公早年就是吃了没手艺的亏。

张姐和老公都没什么学历，一个中专毕业，一个高中都没读完。年轻的时候，有的是力气，人也机灵，不愁没饭吃，可是她发现，随着年龄渐长，工作没以前好找了，而且大多是收银或者超市理货等没什么技术含量的工作，一个月两千左右，只够温饱。

后来张姐两口子决定在早市上卖早点。可是她很快发现，卖早点也不是那么简单的，他们的生意并不是很好，倒是隔壁卖胡辣汤的，生意好得让人眼红，她特意去试吃，发现人家的胡辣汤特别正宗，生意好是有原因的。

后来张姐无意中听家里老太太说，她们常去晨练的公园附近有个包子铺的包子非常好吃，便硬着头皮去跟人家学艺，包子店老板是一对年轻的夫妇，都不到三十岁，山西人。张姐说愿意付费学手艺，人家却死活不肯教，老话说得好，"教会徒弟，饿死师傅"啊。

于是张姐天天去那个店里吃包子，老板娘看她心诚，又得知她日子过得艰难，就教了几招。张姐回来后认真钻研，仔细揣摩，慢慢地，她做的包子越来越好吃，生意也兴旺起来。

她说自己四十岁的人了，厚着脸皮问年轻人学手艺，其实也臊得慌，她曾认真反思自己：我以前从来没什么人生规划，下班就是玩儿，失业了就换个类似的工作，所以才会在四十多岁重新吃年轻时没吃过的苦。

也因此，张姐才会早早替儿子打算，但儿子听不听她的建议就得两说了。我们年轻的时候，不也曾任性地以为，父母的老一套吃不开吗？谁会相信自己将来没饭吃呢？

人有时非得走过一些弯路才会明白，无论做什么，哪怕是卖早点，都得踏踏实实地用心学习、认真钻研，否则想出人头地，真的是太难了。

## 03

当然，并不是说一技傍身就一辈子不愁饭吃，我老家一个表姐的儿子小星，前段时间就改行送外卖了。

小星初中毕业后读了技校，学的是厨师专业。

毕业后，小星通过表姐的关系去了本地一家小有名气的酒店，表姐原指望他继续学习手艺，精进技艺。结果小星做了不到一年就说不想做了，原因是厨师长总是找碴儿，各种看他不顺眼。表姐劝小星安心工作，实在想换工作，可以先积累点儿经验再跳槽，但是小星压根儿听不进去，说在那里只是打杂，连掌勺的机会都没有。

两个月后，小星找了份新工作，这是一家小餐馆，这次小星终于掌勺了，也算扬眉吐气，鸡头胜凤尾吧。

他在这家餐馆做了一年多，餐馆的生意始终不见起色，老板批评他炒的菜口味一般，不思创新，所以生意才不好，小星坚持自己的厨艺没问题，是老板经营不善。因为这件事，小星又辞职了。

就这样过了几年，小星没有一份工作能长期干下去，表姐看着心急，听说同事的老公送外卖收入不菲，问小星愿不愿意去，小星同意了。

送外卖需要自己配一辆电摩托车，因为小星没有积蓄，摩托车钱还是表姐出的。

小星刚开始送外卖的时候是春天，马上夏天到了，小星说天气太热，送外卖太受罪，还是想做回老本行，找个厨师的工作做。

表姐气得跺脚，说小星工作态度有问题，眼高手低，还不踏实，没有一样能干长，她已经拿这个儿子没办法了。

小星今年 22 岁，已经换了七八份工作了，我也觉得小星除非改改性格，否则想出人头地，难。因为小星虽然学了门手艺，却学艺不精，最关键的，是他不思进取，不够踏实。


## 04


人生最敷衍的态度，是做一天和尚撞一天钟，混一天是一天。如果没有清晰的规划，那么所从事的工作，随便什么人学一学就能替代你，那意味着你要么随时可能被淘汰，要么只能拿一份不足以言说的工资维持生计。

低学历的人，如何让自己更有价值呢？

第一，沉下心来，用心钻研自己所学的专业，只要你够专，即使没有学历，也可以成为行业翘楚。

老家有一个邻居，从小跟师傅学做木雕，他心细，又喜欢琢磨，一双巧手可以让任何木头都变得有生命，据说他的订单已经排到了明年。

第二，即使没有一技傍身，只要踏实、肯吃苦，低学历也不用担心没事做。

我们楼下的大叔是个送水工，他是从农村出来的，送了二十多年的水了，因为吃得了苦，干活儿有常性，早早就买了房子。

一技之长再加上踏实肯干的品性，对于一个人来说无异于长上了一对翅膀。

说到底，无论是高学历还是低学历，努力提高自己的含金量才是根本，如果你足够出众，还用担心没饭吃吗？

# 不放弃反抗，就不会被打败

## 01

发小告诉我，一个她一直认为过得超幸福的老同学，被查出患了胃癌。

她们认识十几年了，上学时这位同学是优等生，毕业后找了份好工作，后来嫁人生了一儿一女，孩子懂事，老公体贴，虽然家境一般，可她却把日子过得从容优雅，经常在朋友圈晒小家的美好。

在发小看来，同学一直是幸福的典范，而且会一直这么幸福下去，谁能想到，她突然就得了胃癌呢？

她前段时间去探望老同学，"出乎我意料的是，她没有我想象中那么悲戚，而是非常乐观，她还和我开玩笑呢：'以为我得了胃癌，就完蛋了吗？老天太小看我了，我照样练瑜伽，照样写书法，我才没那么轻易完蛋呢。'"

发小说到这里，眼角有了点点泪光："真佩服她的乐观和坚强。虽然生病了，可她仍然是我心中的优雅女神。"

的确，乐观又积极的人，总是把日子过得有滋有味，让人打心底里佩服。

发小这位同学，让我联想到了一个旧友的妈妈。

朋友的妈妈三十多岁时得了乳腺癌，医生建议病人做切乳手术，可她妈妈不肯。妈妈采取了保守治疗，然后该干啥干啥，就好像自己没生病一样。

她说现在妈妈依然健在，每天精神头十足，医生都觉得她妈妈能活到现在是个奇迹。

"我妈心挺大的，她一直是个乐观向上的人，用我们老家的话说就是，她有点'泼'，虽然得了病，却不耽误她打麻将、跳广场舞。"她笑着说。

朋友讲完这个故事，我也觉得阿姨蛮神奇的，阿姨似乎在用她的行动告诉世人：你们以为得了病我就完了吗，我才不会轻易服输呢！

年纪越大，越觉得有些东西是上天冥冥之中安排给我们的。磨难、贫穷或者病痛，遭遇这人生路上的种种坎坷，我们到底应该怎么做？是乖乖屈服，抱怨上天不公？还是做点儿什么让命运看看，我不是好欺负的，我才没那么容易认输呢？

请相信，一个坚强乐观的人，有时候连命运都会向他低头。

## 02

健身房有位大哥，四十多岁了，因为经常锻炼，身材特别好，他在健身房有着超高的人气，我总在背地里叫他"男神"。男神的老婆也经常来健身房，她喜欢练瑜伽，虽然也是四十多岁的人了，但眉眼之间依然可以看出年轻时是个美人。令我感到奇怪的是，两个人从未同时在健身房出现过，要么男神独自来，要么他老婆独自来，对此我一直很费解。

后来听人说，男神有个儿子，是个智障儿，十几岁了还需要人全天看护，为了照顾孩子，他妻子已经十几年不上班了。这也是为什么他们会轮流出现在健身房的原因。

我听后很震惊：看上去那么幸福的两口子，竟然有一个智障儿子吗？

自从知道他家有个智障儿后，我就觉得他和他老婆还能一直那么乐观、积极，很厉害，也很了不起。

后来我在菜市场偶遇过那孩子，个头不高，胖胖的，却穿得干干净净，一看就是被照顾得很好。男神大大方方地给我介绍："这是我儿子，小伙子看上去挺不错的吧？"那一刻，我差点儿哭出来，我仿佛听到男神在说："我就要以这种方式告诉老天爷，多年前你给我的有智力缺陷的儿子，我还好好地养着呢，而且养得挺不错。"

我偶尔会想，老天肯定是个爱妒忌的人，所以这世界上才没有十全十美的人生。可是，很多人却还是在这不完美中，坚强地活着。

就拿我的好友苏小旗来说，乍一看她是个爱美且朝气蓬勃的人，可很少有人知道，她其实是个抑郁症患者。我特别佩服她的就是，她一直很乐观，很努力，她乐观地面对生活，努力地做治疗，她写字、养猫，用她自己的方式和命运对抗，把自己活成了一个最快乐的抑郁症患者。

## 03

前段时间看了一个节目，讲的是四个喜欢跑步的老人。

节目中有个叫孙桂本的老人，他已经快 90 岁了，他说跑步就是他和生活对抗的一种方式。

前几年他老伴儿还在世时，老伴儿是个体弱多病的人，他结束一天的工作后，回家还要照顾老伴儿，整天累得吃不好也睡不好。一次偶然的跑步后，那深呼气时的痛快劲儿让他深深地爱上了跑步，从此，跑步成了他困顿情绪中一个小小的宣泄口。

　　一直到 80 多岁，孙桂本依然每天去地坛体育场跑 5 圈。跑步，成了他生活中一个重要的组成部分。

　　2016 年 11 月 6 日，澳大利亚帕斯举办的世界老将田径锦标赛上，四位平均年龄 88.5 岁的中国老人，打破了世界田径 85 岁以上老年组 4×400 接力赛的世界纪录。而孙桂本正是这个爷爷跑步天团中的成员之一，老爷子以这样的方式完成了和命运的对抗，并且小小地赢了一把。

　　有时候，我们必须找到一种方式，和这糟糕的命运对着干一场。或许我们的力量非常微弱，但请无论如何不要因此就看轻自己，没准儿我们挥出去的哪一拳就能把命运打个鼻青脸肿，谁知道呢？

　　这世上，从来没有十全十美的人生，倒是有很多人过着残缺甚或不幸的人生。但是，只要你一直努力，只要你不放弃反抗，也许哪天，你就能给命运一点儿颜色看看。

　　海明威在《老人与海》中有一句经典名言：一个人可以被毁灭，但不能被打败。

　　是的，请告诉命运，我不是那么好欺负的，更没那么容易被打败。

# 愿你我都能坚强而勇敢，仁慈而善良

## 01

在微博上看到一则寻人启事，眼睛瞬间湿润了。

一名中年男子的妈妈走丢了，他这样写道：

这已经是你走失的第 7 天，我和家人的步伐和心情一样越来越沉重。妈妈，我只能看到 7 天内的监控，我该去哪里找你？

妈妈，万一，儿子没有找到你，只希望还有好心人帮助，能够让你果腹，喝上点儿水……

妈妈，万一，儿子没有找到你，只希望晚上你能够找到一个遮风挡雨的椅子小睡……

妈妈，万一，儿子没有找到你，只希望老年痴呆症能让你不要太着急、晚上不要太害怕……

妈妈，万一，儿子没有找到你，只希望你能感受到，我对你的思念、我的害怕……

妈妈，我希望没有万一！你一生操劳，求上天不要再让你挨饿受冻！你生性善良，求上天也派好心人相助！

这则言辞恳切的寻母启事在网上传播开后，感动了很多网友，很多人自动转发，一场寻人接力赛就此开始。幸运的是，这位妈妈在走丢 12 天后，终于被找到了。这位网友的祈愿成真了。

一位网友评论：老人找到了，这是最美的结局，向所有帮助寻人的爱心人士致敬。

的确，这位网友能顺利找回妈妈，多亏了那么多陌生却又热心的人士的助力。

你有没有发现，人生在世，很多时候，我们必须仰仗别人的善良。

比如，在你怀有身孕或抱着小孩儿，需要有人给你让座的时候；比如，在你不小心摔倒，需要有人拉一把的时候；再比如，在网络平台上发起众筹时，那些陌生人的捐款……

在人生的某些时刻，一个温暖的微笑，或者一双突然伸出的手，真的会将我们的世界照亮。

# 02

大学时，我曾有过一次丢钱的经历，一共五百块，那是我一个月的生活费。

发现丢钱的那一刻，我有点儿懵，家里的经济情况我是知道的，我没有勇气告诉父母，我把生活费弄丢了。

我记得那笔钱是我刚从学校门口银行的自助取款机里取出来的，之后我去开水房打了一壶开水，然后去自习室占了个位置。之后，在去食堂的路上，我惊恐地发现我的钱包不见了。我并没有去过人流量大的地方，被偷的可能性极小，所以我猜肯定是我粗心大意地把钱包落在什么地方了。

我一遍又一遍地在那天走过的地方低头寻找，甚至连绿化带和附近的垃圾桶都查看了，还是没找到我的钱包。

对于一个生活费全仰仗家里支援的女生来说，这是天大的事，我甚至躲在一个无人的角落哭了一场才回宿舍。

推开宿舍门，却发现一个女生坐在我的床铺上，我们宿舍的老大说："哎呀，你可回来了，这个女生等你半天了。"

等我？我打量了那个女生一眼，并不认识。

女生却笑眯眯地问我："你是不是丢了东西？"

我一听，激动得心跳都加速了，忙不迭地说："是啊是啊，我钱包丢了，里边还有我刚取的五百块钱。"

后来我才知道，钱包是女孩儿在开水房捡到的。原来粗心大意的我打开水时把钱包落在了那里。幸运的是，钱包里有我的借书证，这个女生就按照借书证上显示的班级和姓名，找到了我们宿舍，给我把钱包送过来了。

那一刻，我心中有一股说不出来的感动，这对我来说，简直是绝处逢生，我激动地说一定要好好谢谢她，她却笑着说了句"只是小事一桩"，就告辞走了。

她走后，宿舍老大拍着我的肩膀说："你这个粗心鬼，幸亏遇到了好人，否则你下个月不得喝风去？"

是的，幸亏遇到了好心人。

很多时候，我们真的要仰仗别人的善良。当我们身处困境甚至绝境的时候，他人的帮助，简直是这世上的一道光，能在瞬间将我们照亮。

## 03

同事 C 姐多年来一直热心公益，休息日经常去福利院或救助站做义工。原来，多年前 C 姐的小孩儿曾走丢过，幸亏有好心人将孩子送到了派出所。当她在派出所看到孩子时，孩子正泪痕未干地啃着一块干面包。

这件事对她触动极大，如果不是因为这世上有好心人，她有可能一辈子都见不到自己的孩子了。

自那之后，C姐见了街上乞讨的老人、流浪汉，总是忍不住帮他们买一份饭，给他们送一瓶水，后来干脆做了志愿者。

C姐说，人生在世，难免要仰仗别人的善良，所以决定自己先善良起来。

的确，人这一生啊，指不定会遇到什么事儿，最苦最难的时候，我们总渴望别人能帮我们一把，那么，在别人遇到困难的时候，我们何不先伸出双手，帮一帮别人呢？己所不欲，勿施于人；己若所欲，那么最好先施于人。

## 04

有人说，接受善意和释出善意，本就是一体。善良不是为了寻求回报，而是为了报偿那些我们曾经接收的善意。如此往复，便形成一个温暖的循环。

愿我们永远坚强而勇敢，仁慈而善良，也愿这世界因为你我的善良，明媚阳光。